高职高专计算机类专业系列教材——数字媒体技术系列

影视编辑与特效制作

主编　颜正恕

电子工业出版社.

Publishing House of Electronics Industry

北京·BEIJING

内 容 简 介

本书为课程型新形态教材，以纸质教材为载体，通过在本书内容中嵌入二维码作为互联网移动终端设备入口，提供基于互联网和课程平台的知识点讲解视频、扩充知识、阅读文献，可以使读者进行自我在线测试、教材知识掌握度测试与成绩评定等多样化的学习环节，还可以使读者和作者进行交流讨论，将教材与相应的 MOOC 和线上教学平台相连接，实现一次注册、多方使用。本书内容主要包括 11 章，即进入 Photoshop 的世界，图形、图像处理理论知识，调整图像色彩，修复和装饰，图层的基础功能，画笔、渐变与变换功能，路径与形状功能详解，图层的合成处理功能，图层的特效处理功能，输入与编辑文字，特殊滤镜应用详解，涉及影视编辑与特效制作方面的以 Photoshop 为主体的教学内容。

图书在版编目（CIP）数据

影视编辑与特效制作 / 颜正恕主编 . —北京：电子工业出版社，2021.11

ISBN 978-7-121-42298-0

Ⅰ . ①影… Ⅱ . ①颜… Ⅲ . ①图像处理软件－教材 Ⅳ . ① TP391.413

中国版本图书馆 CIP 数据核字（2021）第 228525 号

责任编辑：周　彤　　　　特约编辑：田学清

印　　刷：北京缤索印刷有限公司

装　　订：北京缤索印刷有限公司

出版发行：电子工业出版社

　　　　　北京市海淀区万寿路 173 信箱　　　邮编：100036

开　　本：787×1092　　1/16　　印张：13　　字数：278 千字

版　　次：2021 年 11 月第 1 版

印　　次：2021 年 11 月第 1 次印刷

定　　价：59.00 元

凡所购买电子工业出版社图书有缺损问题，请向购买书店调换。若书店售缺，请与本社发行部联系，联系及邮购电话：（010）88254888，88258888。

质量投诉请发邮件至 zlts@phei.com.cn，盗版侵权举报请发邮件至 dbqq@phei.com.cn。

本书咨询联系方式：（010）88254609，hzh@phei.com.cn。

前 言

　　本书系统讲解了 Photoshop 在影视编辑与特效制作领域应用的必备知识，是一本多用途的新形态教材，可以用于平面设计、数码照片处理、电商美工、网页设计、UI设计、室内设计、建筑设计、园林景观设计、创意设计等领域。本书内容较为全面、由浅入深、讲解详尽，从基础知识、中小实例到实战案例，逐层深入、逐步拓展，使得零基础的读者也能轻松掌握。为了让读者实现高效率的学习，本书还提供配套的视频、素材资源和教学平台，使读者可以自主学习。

　　本书的开发和编写参考了国内相关高职高专院校计算机应用技术专业优秀教师的教学经验和成果，集中体现了专业教学过程与工作过程的一致性。本书在一定程度上体现了影视编辑与特效制作的职业特点；本书内容衔接有序、图文并茂、过程完整、资源丰富，便于"教、学、做、评、赛一体化"教学的实施。新形态教材含有多种多媒体资源，依托 MOOC 和线上教学平台，鼓励学生进行自主学习和线上／线下讨论，增强了本书的可用性。

　　本书由颜正恕担任主编。编写分工如下：颜正恕编写了第 1 章到第 6 章，杜恒杰和黄一帆编写了第 7 章，周琼英和洪琳编写了第 8 章，查德义、李雪花和丁灿剑编写了第 9 章，沈逸编写了第 10 章，於天恩、颜季成和丁俏蕾编写了第 11 章。

编者

2021 年 9 月

目录

第1章

进入 Photoshop 的世界

1.1　Photoshop CC 2017 的新增功能

　　Photoshop CC 2017 是 Adobe 公司于 2016 年 11 月推出的新版 Photoshop 图像处理软件，其启动界面如图 1.1 所示。Photoshop CC 2017 的"面世"意味着 CS 系列开发的结束。除了 CS6 版本中所包含的功能，Photoshop CC 2017 还新增了相机防抖动、Camera RAW 功能改进、图像提升采样、属性面板改进、Behance 集成等功能，以及 Creative Cloud 功能，即云功能。

图 1.1

　　Photoshop CC 2017 开启了全新的云时代图像处理服务，软件本身也将带来十大新功能。Photoshop CC 2017 针对摄影师新增了智能锐化、条件动作、智能对象支持扩展、智能放大采样、相机震动减弱等功能。Photoshop CC 2017 可以提供崭新的数字媒体开发体验，使用户能够快速工作，并随时随地为用户提供服务。该软件的专长在于图像

　　处理，能够对已有的位图进行编辑、加工处理，以及运用一些特殊效果等，帮助用户将图像修改成满意的效果。Photoshop CC 2017 可以应用于图书封面、招帖、海报、平面印刷品等产品的图像处理。打开 Photoshop CC 2017 后的界面如图 1.2 所示。

图 1.2

1．支持包含 Emoji 表情包的 SVG 字体

　　Photoshop CC 2017 支持包含 Emoji 表情包的 SVG 字体，使得各种表情图标可以被轻而易举地输入图片中，且可以被当作矢量字体使用。Photoshop CC 2017 自带的 EmojiOne 字体也非常炫酷，只要打开"字形"面板，选择"EmojiOne"选项就可以看到了（见图 1.3），然后选中喜欢的表情包双击即可完成输入。用户可以按照上述操作，随意使用该字体。

EmojiOne 字体设置

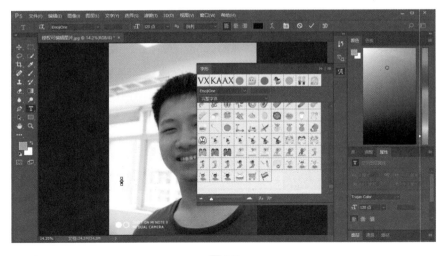

图 1.3

　　使用 Emoji 表情包还可以创建复合字形和字符变体。创建复合字形表示将先后选

创建复合字形操作视频

择的两个表情包合成一个新的表情包。比如，在 Emoji 字体模式下，双击字母 C 的图标，再双击字母 N 的图标，就会自动合成中国国旗的图标。

　　创建字符变体则表示在 Emoji 字体模式下双击某个小人图标，再双击某个圆形颜色图标时，小人的皮肤颜色就会变成所选圆形颜色图标

创建字符变体操作视频

的颜色，如图 1.4 所示。

　　除了 EmojiOne 字体，Photoshop CC 2017 内置的 Trajan Color Concept 字体也很好用，它在字形中直接提供了多种渐变效果和颜色，如图 1.5 所示。

图 1.4　　　　　　　　　　　图 1.5

2．更加智能的人脸识别——液化滤镜

　　增强的液化滤镜使得修改人脸的轮廓及五官变得更加简便。Photoshop CC 2017 已经可以更精准、独立地处理每一个五官，其液化滤镜界面如图 1.6 所示。大家可以观看相应的视频，在了解操作方式后，自己体验一下。

液化滤镜操作视频

图 1.6

3．贴心的搜索功能

搜索功能是 Photoshop CC 2017 的贴心设计，对于初学者来说尤为重要。Photoshop CC 2017 支持全面搜索，目前支持的搜索对象包括用户界面元素（如操作命令快捷键）、学习资源、Stock 图库三大类，在其快速查找界面中既可以在一个界面中查看搜索结果，也可以分类查看，非常方便，如图 1.7 所示。

图 1.7

启动搜索功能的操作较为简单，可以按 Ctrl+F 组合键，也可以在菜单栏中选择"编辑"|"搜索"命令，或者直接在工具选项栏的右侧单击搜索图标。

4．加强版的匹配字体功能

当用户在事后忘记图片所使用的字体，也找不到相应的 PSD 文件时，那么加强版的匹配字体功能可以帮助用户找到相应的字体类型。当然，这个功能仅限于英文。

5．更新的新建文档功能

最后一个较大的更新是新建文档功能。在全新的开始工作区中，只要用户工作一段时间后，就会显示其最新的作品，如图 1.8 所示。

新建文档操作

6．增强的画板功能

Photoshop CC 2017 支持将图层或图层组复制到其他画板、快速更改画板背景，以及查看透明背景的画板。如果用户已经设置了画板背景，现在需要将工作区转换为 PDF 格式或支持的图片格式，也可以包含画板的背景。在将画板内容转存为 PDF 文件时，也可以包含画板名称，并设置自定义的字体大小、颜色和更多色彩等。

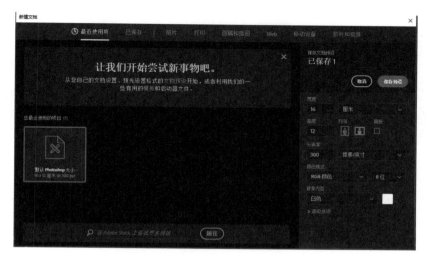

图 1.8

7．更快速的处理机制

与之前的软件版本相比，Photoshop CC 2017 启动文件的速度更快，反应能力也更优秀。目前，该软件的内容感知填充功能的执行速度加快了 3 倍，还能生成更加出色的效果；"字体"菜单加载字体列表的速度也加快了 4 倍。

8．增强的 Creative Cloud 库

用户可以与任何拥有 Creative Cloud 账号的使用者共用资料库。在将共同协作人员添加到资料库时，用户可以自行设置要赋予他们的权限等级。

9．可配合 Adobe Experience Design CC（预览版）使用

可直接复制 Photoshop CC 2017 中的资源并粘贴到 Adobe XD 中（一种全新的多功能工具，适用于设计网站和应用程序的使用者体验和原型的建立）。

10．Adobe Portfolio

使用 Adobe Portfolio 可以轻松、快速地建立美观的作品集网站。目前，使用 Adobe Portfolio 还能建立自定义的登录页面和联系资讯页面，使得与作者联系更加方便。

1.2　Photoshop CC 2017 的基本配置

由于 Windows 和苹果 macOS 系统之间存在差异，因此它们对软件的安装要求也不同。表 1.1 所示为 Adobe 推荐的最低系统要求。

表 1.1

Windows 系统	• Intel Pentium 4 或 AMD Athlon 64 处理器（2GHz 或者更快） • Windows 7，Windows 8 • 1GB 内存 • 2.5GB 的可用硬盘空间以进行安装，安装期间需要额外的可用空间 • 1024 像素 ×768 像素显示器，OpenGL 2.0、16 位色和 512MB 的显存 • 需要连接网络并完成注册，才能启用软件、验证会员并获得线上服务
苹果 macOS 系统	• Intel 多核处理器，支持 64 位 • macOS X V10.7 或 masOS X V10.8 版本 • 1GB 内存 • 3.2GB 的可用硬盘空间以进行安装，安装期间需要额外的可用空间 • 1024 像素 ×768 像素显示器，OpenGL 2.0、16 位色和 512MB 的显存 • 需要连接网络并完成注册，才能启用软件、验证会员并获得线上服务

1.3　Photoshop CC 2017 的界面组成

1.3.1　工作界面的组件

Photoshop CC 2017 的工作界面清晰实用，在工具选用、功能访问、不同模式的切换方面比较方便，主要包括菜单栏、标题栏、工具箱、工具选项栏、状态栏、面板、选项卡和文档窗口等组件，如图 1.9 所示。

工作界面基本操作

图 1.9

1.3.2　文档窗口

使用 Photoshop CC 2017 打开一个图像，就会自动创建一个文档窗口，如果打开多个图像，就会创建多个文档窗口与之匹配。单击文档窗口选项卡，即可进行不同文档窗口的切换，相关快捷键包括 Ctrl+Tab，按住 Ctrl 键不放，然后按 Tab 键，即可按照前后顺序切换文档窗口；Ctrl+Shift+Tab，同时按住 Ctrl 和 Shift 键不放，然后按 Tab 键，即可按照相反顺序切换文档窗口。

自定义工作区，标尺，参考线

如果打开的图像数量过多，文档窗口选项卡就不能完全显示所有文档的名称，此时可以单击文档窗口选项卡右侧的双箭头按钮，在打开的下拉列表中选择需要的文档。

在文档窗口选项卡中，沿着水平方向前后拖曳某文档窗口，可以调整该文档窗口的前后位置。单击每个文档窗口右上角的"关闭"按钮 ⊠，可以关闭相应的文档窗口。如果要关闭所有的文档窗口，则可以在一个文档窗口的标题栏上右击，并在弹出的快捷菜单中选择"关闭全部"命令。

1.3.3　工具箱和工具选项栏

Photoshop CC 2017 的工具箱中包括多种用于图像编辑、页面编辑的工具和按钮。单击工具箱顶部的双箭头图标 ，可以将工具箱变成单排或双排显示。

移动工具箱：在默认情况下，工具箱会在文档窗口左侧，将光标放在工具箱顶部双箭头图标 右侧，单击并向右侧拖动鼠标，可以将工具箱从停放区中拖出来，放在文档窗口的任意位置。

选择工具：单击工具箱中的某个工具图标，可以选择该工具。如果该工具图标带有下三角按钮，则表示这个工具中还有其他工具。按住鼠标左键不放，然后移动到隐藏的工具上并放开鼠标，就可以选择相应的工具了。如果按下相应快捷键，就可以快速选择工具了。

使用工具选项栏：工具选项栏是用来设置工具属性的选项栏，可以根据需要进行属性的设置。比如，选择画笔工具后，便可以根据需要在其工具选项栏中进行属性的设置。

隐藏和显示工具选项栏：选择"窗口"|"选项"命令，可以隐藏或显示工具选项栏。

创建和使用工具预设：在工具选项栏中，单击某工具图标右侧的下三角按钮 ，可以打开相关设置面板，该面板中包括各种工具预设。

1.3.4　菜单栏

Photoshop CC 2017 包含多个菜单，且各菜单中包含用于设置文件的各种命令。

打开菜单：选择一个菜单标题，就可以打开该菜单。在某菜单中，不同功能的命令之间采用分割线进行分隔。如果某命令之后有黑色三角标记，则表示此命令中含有子菜单。

执行命令：选择菜单中的一个命令，就可以执行相关命令。如果命令有对应的快捷键，则可以使用该快捷键执行该命令。如果发现菜单中有灰色的命令，则表示在当前状态下不能使用这个命令。

1.3.5　面板

Photoshop CC 2017 的面板可以用来设置参数、选择工具、设置图层、设置颜色和编辑图层等。选择"窗口"菜单，在下拉菜单中选择需要的面板将其打开。在默认情况下，面板会以选项卡的形式成组出现在文档窗口右侧，用户可以根据需要打开、关闭或自由组合面板。

选择面板：在面板中，单击一个面板选项卡名称，即可显示该面板选项卡中的选项。

折叠 / 展开：在面板中，选择面板右上角的双箭头按钮 ，可以将面板折叠成图标。单击一个图标，可以展开相应的面板。此时单击面板右上角的双箭头按钮 ，可以重新将其折叠成图标。拖曳面板左边界，可以调整面板的宽度，使面板显示出更多的信息。

组合面板：将光标放在一个面板的标题栏上，单击并将其拖曳到另一个面板的标题栏上，当出现蓝色框时放开鼠标，可以将其与目标面板组合。因此，如果将多个面板组合成一个面板组，或者将一个浮动面板合并到一个面板组中，则可以为文档窗口留出更多的操作区域。

链接面板：将光标放在一个面板的标题栏上，单击并将其拖曳到另一个面板下方，当出现蓝色框时放开鼠标，可以将这两个面板连接起来。

移动面板：将光标放在一个面板的名称上，单击并将其向外拖曳到文档窗口的空白处，可以将面板从原本的面板组或者连接好的面板中分离出来，使其成为浮动面板。可以拖曳这个面板到窗口中的任意位置。

调整面板：可以调整面板的高度和宽度。选中面板的下侧边框并拖曳，可以调整面板的高度；选中面板的右侧边框并拖曳，可以调整面板的宽度；选中面板的右下角并拖曳，可以同时调整面板的高度和宽度。

面板菜单：单击面板右上角的按钮 ，可以打开面板菜单，菜单中包含了关于面板的所有命令。

关闭面板：在面板的标题栏上右击，即可弹出快捷菜单，选择"关闭"命令，可以关闭相关面板；选择"关闭选项卡组"命令，可以关闭该面板组。对于浮动面板，只要单击面板右上角的"关闭"按钮 ，即可将其关闭。

1.3.6　状态栏

Photoshop CC 2017 的状态栏位于文档窗口的底部，主要用来显示文档窗口的缩放比例、文档大小和当前使用的工具等信息。单击状态栏中的按钮 ，可以打开相应菜单，设置状态栏的具体显示内容。单击状态栏，可以显示图像的高度、宽度和通道信息；按住 Ctrl 键单击状态栏，可以显示图像的拼贴宽度信息。

Adobe Drive：显示文档的 **Version Cue** 工作组状态。

文档大小：显示有关图像中的数据量信息。

文档配置文件：显示图像所使用的颜色配置文件的名称。

文档尺寸：显示图像的具体尺寸。

测量比列：显示文档的测量比例。

暂存盘大小：显示内存和暂存盘的信息。

效率：显示执行操作实际花费时间的百分比。当效率值为 100% 时，表示当前处理的图像在内存中生成。如果效率值低于 100%，则表示 Photoshop 在使用暂存盘，操作速度会变慢。

计时：显示完成上一次操作所用的时间。

当前工具：显示当前使用工具的名称。

32 位曝光：用于调整预览的图像。

存储进度：显示保存文件过程中的存储进度。

1.4　本章习题

一、理论题

1. Photoshop CC 2017 较之前版本有哪些新增功能？
2. Photoshop CC 2017 的工作界面由哪些部分组成？
3. 如何隐藏 Photoshop CC 2017 中的工具箱与各种面板？

二、上机操作题

打开 Photoshop CC 2017，新建名称为"第 1 章练习"的文件，设置其宽度为 800 像素、长度为 600 像素，并保持其他选项为默认值。然后将该文件保存到硬盘中，设置文件名为"第 1 章练习 .psd"。练习隐藏工具箱及各种面板，显示标尺及各种面板。

实践题解答

第 2 章

图形、图像处理理论知识

2.1 位图

位图，又称像素图或栅格图，是使用像素阵列表示的图像，在被放大后，会明显出现马赛克。每个像素的颜色信息由 RGB 组合或灰度值表示。根据颜色信息所需的数据位，像素颜色分为 1、4、8、16、24 及 32 位等，并且位数越高，表示像素颜色越丰富，相应的数据量越大。其中，因为一个数据位只能表示两种颜色，所以使用 1 位表示一个像素颜色的位图又被称为二值位图。通常将使用 24 位 RGB 组合数据位表示的位图称为真彩色位图。

那么，真彩色到底有多少种颜色呢？计算机采用的是二进制数据，因此可以得到最终的真彩色有 2^{24} 种颜色，约等于 1677 万色。目前，普通家用显示器都能显示这些颜色。

查看图像

2.2 了解选区

用户只能对被选择的图像进行编辑，简单来说，选择的目的就是限制所操作的图像范围。当图像中存在选区时，用户所执行的操作都会被限制在选区中，直到用户取消选区为止。

选区是由浮动的黑白线条围绕而成的区域，由于这些浮动的黑白线条像一队蚂蚁在走动，因此形成选区的线条也被称为"蚂蚁线"，如图 2.1 所示。图 2.2 也是一个选区，只是这个选区选中了图像。

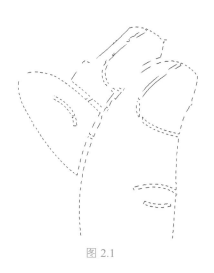

图 2.1

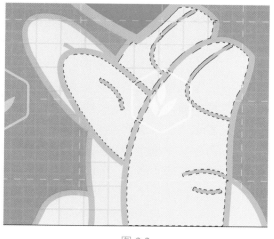

图 2.2

2.2.1　矩形选框工具

使用矩形选框工具 □ 可以制作规则的矩形选区。若要制作矩形选区，则在工具箱中单击矩形选框工具 □ ，然后在图像中需要制作选区的位置，按住鼠标左键向另一个方向拖动即可。也就是说，利用矩形选框工具沿着要被选择的区域拖动，即可得到需要的选区。

- 选区模式：矩形选框工具 □ 在使用时有 4 种选区模式，在如图 2.3 所示的工具选项栏中表现为 4 个按钮。若要设置选区模式，则可以在工具选项栏中通过单击相应的按钮进行选择。

图 2.3

选区模式为更灵活地制作选区提供了可能性，可以使用户在已经存在的选区基础上执行添加、减去、交叉选区等操作，从而得到不同的选区。选择任意一种选择类工具，在工具选项栏中都会显示 4 个选区模式按钮，因此这 4 个选区模式按钮的功能具有普遍适用性。

- 羽化：在此文本框中输入数值，可以使选区中的图像和操作后的图像更好地融合在一起。因为在调整图像后，其调整区域与非调整区域有明显的边缘，而对选区进行羽化可以调整相关图像。在存在选区的情况下调整人像照片时，尤其需要为选区设置一定的羽化数值。
- 样式：在此下拉列表中选择不同的选项，可以设置矩形选框工具 □ 的工作属性。该下拉列表中的"正常""固定比例""固定大小"3 个选项对应着 3 种创建矩形选区的方式。

» 正常：选择此选项，可以自由创建任何比例、任何大小的矩形选区。

» 固定比例：选择此选项，其后的"宽度"和"高度"文本框将被激活。在这两个文本框中输入数值，可以设置选区的高度和宽度的比例，从而得到精确的不同宽高比的选区。例如，在"宽度"文本框中输入 1，在"高度"文本框中输入 3，可以创建宽高比为 1：3 的矩形选区。

» 固定大小：选择此选项，其后的"宽度"和"高度"文本框将被激活。在这两个文本框中输入数值，可以确定新选区的高度和宽度的精确数值，然后只需在图像中单击，即可创建大小确定、尺寸精确的选区。例如，如果需要为网页创建一个固定大小的按钮，则可以在矩形选框工具被选中的情况下，设置其工具选项栏参数。

● 选择并遮住：在当前已经存在选区的情况下，此按钮将被激活，如图 2.4 所示。单击该按钮，即可弹出"选择并遮住"对话框，以调整选区的状态。

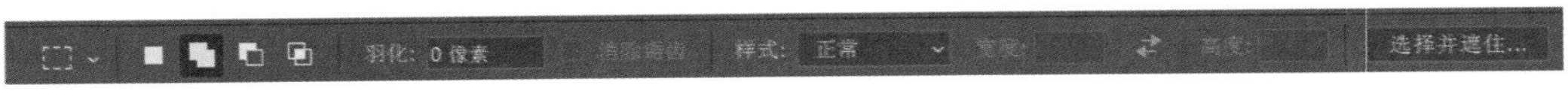

图 2.4

> **提示**
>
> 如果需要制作正方形选区，则可以在使用矩形选框工具拖动的同时按住 Shift 键；如果希望从某一点出发制作以此点为中心的矩形选区，则可以在拖动矩形选框工具的同时按住 Alt 键；如果同时按住 Alt+Shift 键制作选区，则可以得到从某一点出发制作的矩形选区。

2.2.2　椭圆选框工具

使用椭圆选框工具 ○.可以制作正圆形或椭圆形的选区，其用法与矩形选框工具 □.的用法基本相同，其工具选项栏如图 2.5 所示。

图 2.5

椭圆选框工具 ○.的工具选项栏中的参数基本和矩形选框工具 □.的相同，只是"消除锯齿"复选框会被激活。勾选此复选框，可以使椭圆形选区的边缘变得比较平滑。图 2.6 所示为在未勾选此复选框的情况下制作圆形选区并填充颜色后的效果；图 2.7 所示为在勾选此复选框的情况下制作圆形选区并填充颜色后的效果。

图 2.6   图 2.7

提示

在使用椭圆选框工具 ○.制作选区时,尝试分别按住 Shift 键、Alt+Shift 组合键、Alt 键,观察效果有什么不同。

2.2.3 套索工具

使用套索工具 ○.可以制作自由手画线式的选区。此工具的优点是灵活、随意,缺点是不够精确,但其应用范围还是比较广泛的。使用套索工具 ○.的步骤如下。

(1)选择套索工具 ○.,在其工具选项栏中设置适当的参数。

(2)按住鼠标左键拖动鼠标指针,并环绕需要选择的图像移动。

(3)若要闭合选区,则释放鼠标左键。

如果在鼠标指针未到达起始点时就释放鼠标左键,则释放点与起始点会自动连接,形成一条具有直边的选区。如图 2.8 所示,图像中的黑色点为开始制作选区的点,图像中的白色点为释放鼠标左键时的点,可以看出两点间自动连接成为一条直线。

图 2.8

套索工具

2.2.4　多边形套索工具

多边形套索工具 ⚲ 的工具选项栏如图 2.9 所示。该工具用于制作具有直边的选区。在使用该工具制作选区时，只需在各个边角的位置单击，若要闭合选区，则将鼠标指针放置在起始点上，当鼠标指针一侧出现闭合的圆圈时，单击鼠标左键即可。如果鼠标指针在非起始点的其他位置，则双击鼠标左键也可以闭合选区。

图 2.9

> **提示**
>
> 在使用此工具制作选区时，当终点与起始点重合时，即可得到封闭的选区。但是如果需要在制作过程中封闭选区，则可以在任意位置双击鼠标左键，以形成封闭的选区。在使用套索工具与多边形套索工具进行操作时，按住 Alt 键，看看操作模式会发生怎样的变化。

2.2.5　磁性套索工具

磁性套索工具 ⚲ 是一种比较智能的选择类工具，用于选择边缘清晰、对比度明显的图像。使用此工具可以根据图像的对比度自动跟踪图像的边缘，并沿图像的边缘生成选区。选择磁性套索工具后，其工具选项栏如图 2.10 所示。

图 2.10

- 宽度：在此文本框中输入数值，可以设置磁性套索工具搜索图像边缘的范围。磁性套索工具会以当前鼠标指针所处的点为中心，以在此输入的数值为宽度范围，在此范围内寻找对比度强烈的图像边缘以生成定位锚点。

> **提示**
>
> 如果需要选择的图像的边缘不清晰，则应该将此数值设置得小一些，这样得到的选区会比较精确，但是在拖动鼠标指针时，需要沿着被选择的图像的边缘进行，否则容易出现错误。当需要选择的图像具有较好的边缘对比度时，此数值的大小就不太重要了。

- 对比度：此文本框中的数值用于控制使用磁性套索工具选择图像时确定定位点所依据的图像边缘反差度。该数值越大，图像边缘的反差度也越大，得到的选区就越精确。

- 频率：此文本框中的数值对使用磁性套索工具定义选区边界时插入定位点的数量起着决定性的作用。该数值越大，表示插入的定位点越多；反之，则表示插入的定位点越少。

使用此工具的步骤如下。

（1）在图像中单击，定义开始选择的位置，然后释放鼠标左键，并围绕需要选择的图像的边缘拖动鼠标指针。

（2）将鼠标指针沿需要跟踪的图像边缘拖动，此时选择线会自动贴紧图像中对比度最强烈的边缘。

（3）在操作时，如果感到图像的边缘不太清晰，会导致选区不精确，则可以在该处单击一次以添加一个定位点；如果得到的定位不准确，则可以使用 Delete 键删除前一个定位点，再重新移动鼠标指针以旋转该区域。

（4）双击鼠标左键，可以闭合选区。

2.2.6　魔棒工具

使用魔棒工具 可以依据图像颜色制作选区。使用该工具单击图像的某种颜色，就可以将此颜色"容差"数值范围内的颜色选中。选择魔棒工具后，其工具选项栏如图 2.11 所示。

图 2.11

- 容差：此文本框中的数值用于定义使用魔棒工具制作选区时的颜色区域，其数值范围为 0 ～ 255，默认值为 32。该数值越低，表示所选择的像素颜色和单击点的像素颜色越相近，得到的选区越小；反之，被选中的颜色区域越大，得到的选区就越大。图 2.12 和图 2.13 所示分别为"容差"数值为 20 和 80 时选择心形区域的图像效果。

图 2.12

图 2.13

● 连续：勾选此复选框，只能选择颜色相近的连续区域；反之，可以选择整个图像中所有处于"容差"数值范围内的颜色。例如，在"容差"数值为 50 时，图 2.14 所示为在背景的蓝色图像上单击的结果，由于心形、手部颜色及蓝色背景中的白色与其他相近颜色的图像并不连续，因此选中了小部分图像。

图 2.14

● 对所有图层取样：勾选该复选框，无论当前在哪一个图层进行操作，所使用的魔棒工具都将对所有可见的颜色起作用。

2.2.7 快速选择工具

使用快速选择工具可以通过调整圆形画笔笔尖来快速制作选区，在拖动鼠标时，选区会向外扩展并自动查找和跟踪图像中定义的边缘，非常适合用于主体突出但背景混乱的情况。

图 2.15 所示为使用快速选择工具在图像中拖动后的效果，紫色部分被排除在选区外；图 2.16 所示为在图像区域中右击，并在弹出的快捷菜单中选择"选择反向"命令后的情况，这时紫色区域全部被选中。

图 2.15

图 2.16

2.2.8　"全部"命令

在菜单栏中选择"选择"|"全部"命令或者按 Ctrl+A 组合键执行全选操作，可以将图像的所有像素选中，此时图像四周显示浮动的黑白线条。

2.2.9　"色彩范围"命令

在菜单栏中选择"选择"|"色彩范围"命令，即可弹出"色彩范围"对话框，这里的"颜色容差"数值越大，越能在控制面板中看清原图情况，默认为黑白的。图 2.17 所示为在"选择"下拉列表中选择"红色"选项后的情况。在单击"确定"按钮后，选择的区域如图 2.18 所示，图中不连续的白色区域就是选择颜色范围后的情况。

图 2.17　　　　　　　　　　　　　　　　　　　　图 2.18

下面对"色彩范围"对话框中的一些选项进行介绍。

- 颜色容差：拖动此选项下面的滑块可以改变颜色的选取范围。该数值越大，颜色的选取范围也越大。
- 本地化颜色簇：勾选此复选框，将以吸取颜色的位置为中心，用一个带有羽化效果的圆形限制选择的范围。
- 检测人脸：若要使用这个选项，则必须勾选"本地化颜色簇"复选框，然后使用吸管工具选择颜色。图 2.19 所示为在人脸右侧额头处取样，"颜色容差"数值为 36、"范围"数值为 100% 的情况下的人脸检测情况。注意不连续斜线所构成的选择范围。
- 颜色吸管："色彩范围"对话框提供了 3 个工具，可用于吸取、增加或减少选择的颜色。在默认情况下，选择的是"吸管"工具 ，用户可以使用它单击照片中要选择的颜色区域，即可将该区域内所有相同的颜色选中。如果需要选择不同的几个颜色区域，则可以在选择一种颜色后，选择"添加到取样"工具 ，然后单击其他需要选择的颜色区域。如果需要在已有的选区中去除某部分选区，则可以选择"从取样中减去"工具 ，然后单击其他需要去除的颜色区域。图 2.20 所示为增加选择的颜色后的情况，可以发现选择区域增大了。

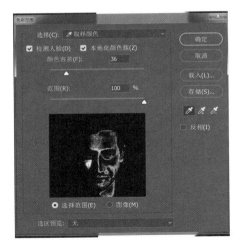

图 2.19

图 2.20

图 2.21

2.2.10 "焦点区域"命令

使用"焦点区域"命令可以分析所选图像中明暗对比强烈的焦点，从而自动将其选中。当然也可以更改或调整选区。以图 2.21 所示的人像为例，选择"选择"|"焦点区域"命令，弹出如图 2.22 所示的"焦点区域"对话框，这里可以勾选"自动"复选框，由于人像与背景颜色的反差较大，因此系统会给出最佳人像选择的情况。单击"确定"按钮后的效果如图 2.23 所示。

拖动"焦点对准范围"滑块、直接在其后面的文本框中输入数值或者勾选"自动"复选框都可以实现目标选择。该数值越大，表示选择范围越大。图 2.24 所示为按 Delete 键的效果，可以明显看到所选择的人像是较为准确的。

在得到满意的结果后，可以在"输出到"下拉列表中选择结果的输出方式，如图 2.25 所示，包括"选区""图层蒙版""新建图层""新建带有图层蒙版的图层""新建文档""新建带有图层蒙版的文档"等输出方式。下面介绍如何编辑选区。

图 2.22

图 2.23

图 2.24

图 2.25

2.3　编辑选区

2.3.1　移动选区的位置

在移动选区的位置时，将光标放置在原选区内，然后在菜单栏中选择"选择"|"变换选区"命令，既可以移动选区，又不会剪切原选区中的图片。图 2.26 所示为原选区；图 2.27 所示为移动后的选区。

> **提示**
>
> 如果要移动选区中的图像，则只需要选择移动工具，待光标变成带剪刀的箭头即可。

图 2.26   图 2.27

2.3.2　反向选择

在菜单栏中选择"选择"|"反选"命令或者按 Ctrl+Shift+I 组合键，可以在图像中反向选择选区与非选区，使选区变成非选区，非选区变成选区。

2.3.3　取消当前选区

在菜单栏中选择"选择"|"取消选择"命令，可以取消当前选区。在选区存在的情况下，按 Ctrl+D 组合键也可以取消当前选区。

2.3.4　羽化选区

在菜单栏中选择"选择"|"修改"|"羽化"命令或者按 Shift+F6 组合键，可以将选区的生硬边缘处理得更加柔和。"羽化选区"对话框如图 2.28 所示，在此设置的"羽化半径"数值越大,选区的边缘效果越柔和。在勾选"应用画布边界的效果"复选框后，靠近画布边界的选区也会被羽化，否则不会对靠近画布边界的选区进行羽化操作。

图 2.28

图 2.29 所示为将"羽化半径"数值设置为 12 像素的选区。然后，按 Ctrl+Shift+I 组合键或者在菜单栏中选择"选择"|"反选"命令，为当前选区填充绿色后的效果如图 2.30 所示。

图 2.29　　　　　　　　　　　　　　　　图 2.30

提　示

　　实际上，一般的工具都具有羽化属性，可以对该属性进行调节，使得选区更加圆滑。需要注意的是，在使用选择工具前更改"羽化半径"数值才有效果，否则没有效果。

2.3.5　综合性选区调整——"选择并遮住"命令

　　在菜单栏中选择"选择"|"选择并遮住"命令或者按 Alt+Ctrl+R 组合键，就可以调出相关的工具箱及"属性"面板，如图 2.31 所示。

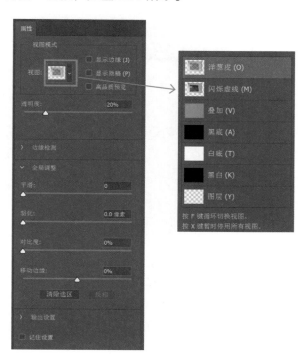

图 2.31

下面讲解一下"选择并遮住"命令的相关工具箱及"属性"面板中各选项的功能。

1．视图模式

此区域中的各选项功能如下。

- 视图：在此下拉列表中，Photoshop 根据当前处理的图像，生成了实时的预览效果，以满足不同的观看需求。根据此下拉列表底部的提示，按 F 键可以在各个视图之间进行循环切换，按 X 键则可以暂时停用所有视图，只显示原图。
- 显示边缘：勾选此复选框后，将根据在"边缘检测"区域中设置的"半径"数值，仅显示半径范围以内的图像。
- 显示原稿：勾选此复选框后，将根据原选区的状态及所设置的视图模式进行显示。
- 高品质预览：这是 Photoshop CC 2017 中新增的选项，勾选此复选框后，可以以更高的品质进行预览，但会占用更多的系统资源。

2．边缘检测

图 2.32 所示为"属性"面板的"边缘检测"区域。

图 2.32

此区域中的各选项功能如下。

- 半径：用于设置检测边缘时的范围。
- 智能半径：勾选此复选框后，将根据当前图像的边缘自动进行取舍，以获得更精确的选择结果。

3．全局调整

图 2.33 所示为"属性"面板的"全局调整"区域。

此区域中的部分选项功能如下。

- 平滑：当创建的选区边缘非常生硬，甚至有明显的锯齿时，可以使用此选项对其进行柔化处理。
- 羽化：此选项与"羽化"命令的功能基本相同，都是用来柔化选区边缘的。

- 对比度：设置此选项可以更改"选择并遮住"功能的虚化程度。该数值越大，则边缘越锐化。此选项可以帮助用户创建比较精确的选区。
- 移动边缘：此选项与"收缩"和"扩展"命令的功能基本相同。向左侧拖动滑块可以收缩选区，而向右侧拖动滑块则可以扩展选区。

图 2.33

4. 输出设置

图 2.34 所示为"属性"面板的"输出设置"区域。

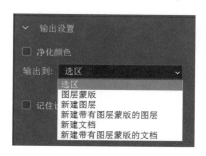

图 2.34

此区域中的部分选项功能如下。

- 净化颜色：勾选此复选框后，下面的"数量"滑块将被激活，拖动该滑块，即可调整其数值，从而去除选择的图像边缘的杂色。
- 输出到：在此下拉列表中，可以选择结果的输出方式。

5. 工具箱

在进行选择并遮住的工作区中，可以利用工具箱里的工具对抠图结果进行调整。

注意："选择并遮住"命令属于较为基础的设置方式，用于快速抠图。

2.4　本章习题

一、选择题

1. 下列选区工具中可以用于所有图层的是（　　　）。
    A. 魔棒工具
    B. 矩形选框工具
    C. 椭圆选框工具
    D. 套索工具

2. 在使用快速选择工具创建选区时，其涂抹方式类似于（　　　）。
    A. 魔棒工具　　　　B. 画笔工具　　　　C. 渐变工具　　　　D. 矩形选框工具

3. 取消选区操作的快捷键是（　　　）。
    A. Ctrl+A　　　　B. Ctrl+B　　　　C. Ctrl+D　　　　D. Ctrl+Shift+D

4. 在使用"色彩范围"对话框中的"检测人脸"选项前，应当先（　　　）。
    A. 勾选"本地化颜色簇"复选框
    B. 选择"选择范围"选项
    C. 设置"颜色容差"数值为100
    D. 设置"范围"数值为100%

5. 在Photoshop CC 2017中，可以创建选区的途径包括（　　　）。
    A. 利用磁性套索工具
    B. 利用Alpha通道
    C. 魔棒工具
    D. 利用"选择"菜单中的"色彩范围"命令

6. 下面是使用椭圆选框工具创建选区时常用的功能，正确的是（　　　）。
    A. 按住Alt键的同时拖动鼠标，可得到正圆形的选区
    B. 按住Shift键的同时拖动鼠标，可得到正圆形的选区
    C. 按住Alt键可形成以鼠标的落点为中心的圆形选区
    D. 按住Shift键可使选择区域以鼠标的落点为中心向四周扩散

7. 下列工具中可以方便地选择连续的、颜色相似的区域的是（　　　）。
    A. 矩形选框工具
    B. 快速选择工具
    C. 魔棒工具
    D. 磁性套索工具

8. 下列操作中可以实现选区羽化的是（　　　）。
    A. 如果使用矩形选框工具，则可以先在其工具选项栏中设定"羽化"数值，然后在图像中拖曳鼠标指针以创建选区
    B. 如果使用魔棒工具，则可以先在其工具选项栏中设定"羽化"数值，然后在图像中单击以创建选区
    C. 在创建选区后，在矩形选框工具或椭圆选框工具的工具选项栏中设置"羽化"数值
    D. 对于已经创建好的选区，可以通过"选择"｜"修改"｜"羽化"命令来实现羽化

9. 下列工具中可以在工具选项栏中设置选区模式的是（　　　）。

    A. 魔棒工具　　　　　　　　　　　B. 矩形选框工具

    C. 椭圆选框工具　　　　　　　　　D. 多边形套索工具

10. 下列工具中可以制作不规则选区的是（　　　）。

    A. 套索工具　　　　　　　　　　　B. 矩形选框工具

    C. 多边形套索工具　　　　　　　　D. 磁性套索工具

二、上机操作题

1. 打开素材图片 1，如图 2.35 所示，在其中绘制一个圆形选区并设置"羽化"数值为 10。在菜单栏中选择"文件"｜"打开"命令，打开相关的素材图片 2，如图 2.36 所示。首先按 Ctrl+A 组合键全选该图片，按 Ctrl+C 组合键复制该图片，然后返回素材图片 1 中，选择"编辑"｜"选择性粘贴"｜"贴入"命令，最后使用移动工具单击贴入的故宫图片并调整其位置，得到如图 2.37 所示的效果。

需要注意的是，不要使用 Ctrl+V 组合键粘贴图片，否则无法获得相应效果。

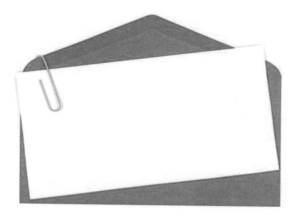

图 2.35

图 2.36

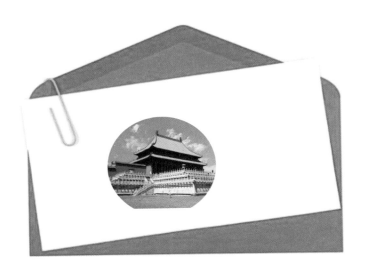

图 2.37

2. 打开素材图片，如图 2.38 所示。使用磁性套索工具和"选择并遮住"命令，将其中的米老鼠抠选出来，如图 2.39 所示。

图 2.38

图 2.39

第 3 章

调整图像色彩

3.1 "反相"命令——反相图像色彩

在菜单栏中选择"图像"｜"调整"｜"反相"命令，可以反相图像色彩。对于黑白图像，使用此命令可以将其转换为底片效果；而对于彩色图像，使用此命令可以将图像中的各部分颜色转换为其补色。

图 3.1 所示为原图像；图 3.2 所示为使用"反相"命令后的图像效果。

图 3.1

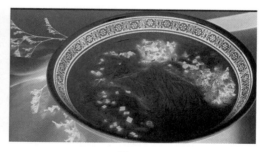
图 3.2

使用此命令对图像的局部进行操作，也可以得到令人意想不到的效果。

3.2 "亮度/对比度"命令——快速调整图像亮度

在菜单栏中选择"图像"｜"调整"｜"亮度/对比度"命令，可以对图像进行全局调整。此命令属于粗略式调整命令，其操作方法不够精细，因此不能作为调整颜色的首选方法。

在菜单栏中选择"图像"｜"调整"｜"亮度/对比度"命令，可以弹出如图 3.3

所示的"亮度／对比度"对话框。

图 3.3

该对话框中的部分选项功能如下。

- 亮度：用于调整图像的亮度。当其数值为正值时，会提升图像的亮度；当其数值为负值时，会降低图像的亮度。
- 对比度：用于调整图像的对比度。当其数值为正值时，会提升图像的对比度；当其数值为负值时，会降低图像的对比度。
- 使用旧版：勾选此复选框后，可以使用软件早期版本中的"亮度／对比度"命令来调整图像，而在默认情况下，会使用新版的命令进行调整。在调整图像时，新版的命令仅对图像的亮度进行调整，保持色彩的对比度不变。
- 自动：单击此按钮，即可自动针对当前的图像进行亮度及对比度的调整。

以图 3.4 所示的图像为例，使用此命令调整后的效果如图 3.5 所示。

图 3.4

图 3.5

3.3　"阴影／高光"命令——处理图像的阴影与高光细节

"阴影／高光"命令用于处理在拍摄过程中因用光不当而导致局部过亮或过暗的照片。在菜单栏中选择"图像" | "调整" | "阴影／高光"命令，可以弹出如图 3.6 所

示的"阴影 / 高光"对话框。

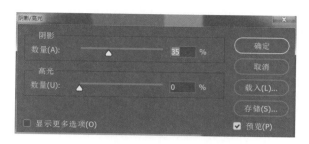

图 3.6

该对话框中的部分选项功能如下。

- 阴影：拖动"数量"滑块或者在其后面的文本框中输入相应的数值，可以改变暗部区域的明亮程度。其中，该数值越大（即滑块的位置越偏向右侧），则调整后的图像暗部区域会越亮。
- 高光：拖动"数量"滑块或者在其后面的文本框中输入相应的数值，可以改变高亮区域的明亮程度。其中，该数值越大（即滑块的位置越偏向右侧），则调整后的图像高亮区域会越暗。

以图 3.7 为例，将"阴影"的"数量"数值设置为 80%，"高光"的"数量"数值设置为 15%，然后勾选"预览"复选框，即可查看图像的变化。图 3.8 所示为调整后的图像效果，比原图有了亮度的改观。

图 3.7

图 3.8

3.4　"自然饱和度"命令——风景色彩专调功能

在使用"图像"|"调整"|"自然饱和度"命令调整图像时，可以使颜色的饱和度不要溢出，即只针对照片中不饱和的色彩进行调整。对摄影后期处理领域而言，

此命令非常适合用于调整风光照片，以提高其中蓝色、绿色及黄色的饱和度。需要注意的是，对于人像类照片或者带有人像的风景照片，并不太适合直接使用此命令进行编辑，否则可能会导致人物的皮肤色彩失真。"自然饱和度"对话框如图 3.9 所示。

图 3.9

该对话框中的部分选项功能如下。

- 自然饱和度：拖动此滑块，可以调整那些与已饱和的颜色相比不饱和的颜色的饱和度，从而获得更加柔和、自然的照片效果。
- 饱和度：拖动此滑块，可以调整照片中所有颜色的饱和度，使所有颜色获得等量的饱和度调整，因此使用此滑块可能导致照片的局部颜色过度饱和。但与"色相/饱和度"对话框中的"饱和度"选项相比，此处的选项仍然对风景照片进行了优化，不会有特别明显的过度饱和问题，使用时稍加注意即可。

以图 3.10 为例，在"自然饱和度"面板中将"自然饱和度"数值设置为 100，"饱和度"数值设置为 100，然后勾选"预览"复选框，即可查看效果变化。图 3.11 所示为调整后的图像效果。调整后的图像效果比原图有了颜色饱和度上的明显改观。

图 3.10

图 3.11

3.5　"色相/饱和度"命令——调整图像颜色

使用"色相/饱和度"命令可以根据不同的颜色分类进行调色处理，常用于改变

照片中某一部分图像的颜色（如将绿色系调整为红色系等）及其饱和度、明度等属性。另外，使用此命令还可以直接为图像进行统一的着色操作，从而得到单色图像效果。按 Ctrl+U 组合键或者选择"图像"|"调整"|"色相／饱和度"命令，可以弹出"色相／饱和度"对话框，如图 3.12 所示。

在该对话框顶部的"全图"下拉列表中选择"全图"选项，可以同时调整图像中的所有颜色，或者针对某一颜色成分（如"红色"等）进行单独调整。

另外，也可以使用位于"色相／饱和度"对话框底部的"吸管"工具 🖋，在图像中吸取颜色并修改颜色范围；使用"添加到取样"工具 🖋 可以扩大颜色范围；使用"从取样中减去"工具 🖋 可以缩小颜色范围。

> **提 示**
>
> 　　在使用"吸管"工具时，按住 Shift 键可以扩大颜色范围；按住 Alt 键可以缩小颜色范围。

"色相／饱和度"对话框中的部分选项功能如下。

- 预设：使用此下拉列表中的选项可以将图像调整为自己想要的效果。图 3.13 所示为"预设"下拉列表中的选项。

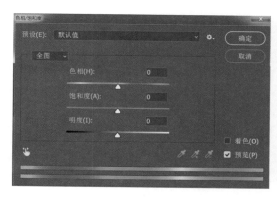

图 3.12

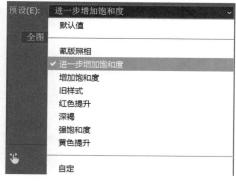

图 3.13

图 3.14 所示为原图，图 3.15 所示为选择"进一步增加饱和度"选项后的图像效果。

- 色相：用于调整图像的色调。无论是向左还是向右拖动滑块，都可以得到新的色相。
- 饱和度：用于调整图像的饱和度。向右拖动滑块可以提升图像的饱和度；向左拖动滑块可以降低图像的饱和度。
- 明度：用于调整图像的亮度。向右拖动滑块可以提升图像的亮度；向左拖动滑块可以降低图像的亮度。
- 色条：在对话框的底部有两个色条，代表颜色在色轮中的次序及选择范围。上面的色条表示调整前的颜色，下面的色条表示调整后的颜色。
- 着色：勾选此复选框后，可以将当前图像转换为某一种色调的单色图像。

图 3.14   图 3.15

下面通过一个例子来说明如何使用"色相／饱和度"命令的单色调整功能。图 3.15 中有一个黄色系的蛋糕，现在需要将蛋糕中的黄色元素变成红色元素，得到如图 3.16 所示的效果，操作步骤如下。

（1）打开素材图片（见图 3.15）。

（2）在菜单栏中选择"图像"｜"调整"｜"色相／饱和度"命令，在弹出的"色相／饱和度"对话框顶部的"全图"下拉列表中选择要调整的颜色选项，这里选择"黄色"选项，如图 3.17 所示。然后将"色相"滑块移动到红色区域进行调节，直到出现所需效果（见图 3.16）为止，这样就将蛋糕颜色从黄色系变成红色系了。

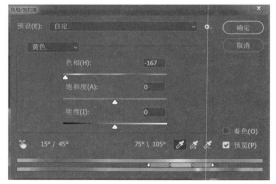

图 3.16   图 3.17

（3）完成后，单击"确定"按钮，然后将图片另存为相应格式的图片即可。

3.6 "色彩平衡"命令——校正或为图像着色

使用"色彩平衡"命令可以通过增加某一颜色的补色达到去除某种颜色的目的。例如，当增加红色时，可以去除图像中的青色，当青色被完全去除时，即可为图像叠加更多的红色。此命令常用于校正图像的偏色，或者为图像叠加特殊的色调。

在菜单栏中选择"图像"｜"调整"｜"色彩平衡"命令，可以弹出如图 3.18 所示的"色彩平衡"对话框。

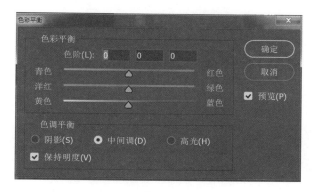

图 3.18

该对话框中的部分选项功能如下。

- 颜色调整滑块：颜色调整滑块区域显示互补的 CMYK 和 RGB 颜色。在调整颜色时，用户可以通过拖动滑块增加该颜色在图像中的比例，同时减少该颜色的补色在图像中的比例。例如，要减少图像中的蓝色，可以将"蓝色"滑块向"黄色"方向拖动。
- 阴影、中间调、高光：选中对应的单选按钮，然后拖动滑块即可调整图像中这些区域的颜色值。
- 保持明度：勾选此复选框，可以保持图像的亮度，即在操作时只有颜色值可以被改变，亮度值不可以被改变。

使用"色彩平衡"命令调整图像的操作步骤如下。

（1）打开素材图片，如图 3.19 所示。可以看出，由于摄像机像素的问题，图像中存在偏色。

（2）在菜单栏中选择"图像"｜"调整"｜"色彩平衡"命令，打开"色彩平衡"对话框，分别选中"阴影""中间调""高光"等 3 个单选按钮，按照要求进行滑块的数值调整，如图 3.20～图 3.22 所示。当然，也可以只选择一种进行调整，因为并不是整个画面中都存在和用户要求不同的地方。总体而言，这里需要向暖色调做一些调整。

图 3.19

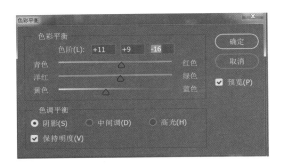

图 3.20

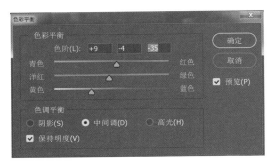

图 3.21

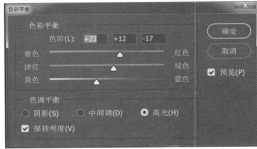

图 3.22

（3）单击"确定"按钮，保存当前的调整，效果如图 3.23 所示。

图 3.23

3.7　"渐变映射"命令——快速为照片叠加色彩

　　"渐变映射"命令的主要功能是将渐变效果作用于图像。使用该命令可以将图像中的灰度范围映射到指定的渐变填充区域。例如，如果指定了一个双色渐变，则图像中的阴影区域映射到渐变填充区域的一个端点颜色，高光区域映射到渐变填充区域的另一个端点颜色，中间调区域映射到两个端点间的层次部分。

在菜单栏中选择"图像"|"调整"|"渐变映射"命令，可以弹出如图 3.24 所示的"渐变映射"对话框。

图 3.24

该对话框中的部分选项功能如下。

- 灰度映射所用的渐变：在该区域中单击渐变色条，弹出"渐变编辑器"对话框，如图 3.25 所示。可以在其中自定义所要应用的渐变；也可以单击渐变色条右侧的按钮 ⚙，在弹出的"渐变拾色器"面板中选择预设的渐变。
- 仿色：勾选此复选框后，会添加随机杂色以平滑渐变填充的外观，并减少带宽效果。
- 反向：勾选此复选框后，会按反方向映射渐变。

以图 3.26 为例，设置"渐变编辑器"对话框中的相关参数（见图 3.25），形成带有怀旧效果的图像，如图 3.27 所示。

图 3.25

图 3.26

图 3.27

3.8 "黑白"命令——制作单色图像效果

使用"黑白"命令可以将图像处理为灰度或单色效果。在人文类或需要表现特殊意境的照片中经常会用到此命令。

在菜单栏中选择"图像"|"调整"|"黑白"命令，可以弹出"黑白"对话框，如图 3.28 所示。

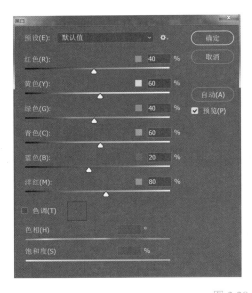

图 3.28

该对话框中的部分选项功能如下。

- 预设：在此下拉列表中，可以选择 Photoshop 自带的多种图像处理选项，从而将图像处理为不同程度的灰度效果。
- 红色、黄色、绿色、青色、蓝色、洋红：分别拖动各颜色滑块，可以对原图像中对应颜色的区域进行灰度处理。
- 色调：勾选此复选框后，将激活对话框底部的两个色条及"色调"选项右侧的色块。其中，两个色条分别代表了"色相"和"饱和度"参数，可以拖动其滑块或者在其相应的文本框中输入数值以调整出要叠加到图像中的颜色；也可以直接单击"色调"选项右侧的色块，在弹出的"拾色器（色调颜色）"对话框中选择需要的颜色。

以图 3.29 为例，打开"黑白"对话框，使用"预设"下拉列表中的"较亮"选项进行调整，效果如图 3.30 所示。

图 3.29

图 3.30

3.9　"色阶"命令——中级明暗及色彩调整

在菜单栏中选择"图像"|"调整"|"色阶"命令，可以弹出"色阶"对话框，如图 3.31 所示，其中包括"预设""通道"下拉列表等。使用"色阶"命令可以改变图像的明暗度、中间色和对比度。

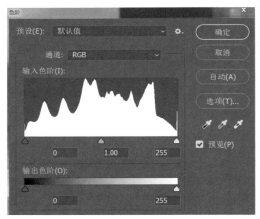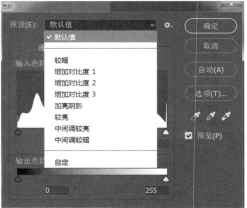

图 3.31

1. 调整图像的明暗

使用"色阶"命令调整图像的明暗的操作步骤如下。

（1）打开素材图片，如图 3.32 所示。

（2）按 Ctrl+L 组合键或者在菜单栏中选择"图像"|"调整" | "色阶"命令，可以弹出如图 3.33 所示的"色阶"对话框。

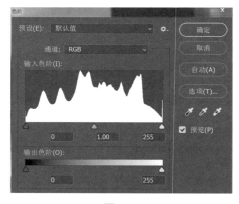

图 3.32　　　　　　　　　　　　　　　图 3.33

在"色阶"对话框中，拖动"输入色阶"直方图下面的滑块，或者在对应的文本框中输入数值，可以改变图像的高光、中间调或暗调，从而增加图像的对比度。

- 向左拖动"输入色阶"直方图下面的白色滑块或灰色滑块，可以使图像变亮。
- 向右拖动"输入色阶"直方图下面的黑色滑块或灰色滑块，可以使图像变暗。
- 向左拖动"输出色阶"下面的白色滑块，可以降低图像亮部的对比度，从而使图像变暗。
- 向右拖动"输出色阶"下面的黑色滑块，可以降低图像暗部的对比度，从而使图像变亮。

（3）使用对话框中的各个吸管工具（包括设置黑场工具、设置灰场工具和设置白场工具）在图像中单击取样，可以通过重新设置图像的黑场、白场或灰场来调整图像的明暗。

- 使用设置黑场工具在图像中单击，可以使图像基于单击处的色值变暗。
- 使用设置白场工具在图像中单击，可以使图像基于单击处的色值变亮。
- 使用设置灰场工具在图像中单击，可以将图像减去单击处的色值，以减弱图像的偏色。

（4）在"通道"下拉列表中选择要调整的通道名称。如果当前图像采用 RGB 颜色模式，则"通道"下拉列表中包括"RGB""红""绿""蓝"4 个选项；如果当前图像采用 CMYK 颜色模式，则"通道"下拉列表中包括"CMYK""青色""洋红""黄色""黑色"5 个选项。在本实例中，将对通道的 RGB 值进行调整。

为了保证图像在印刷时的准确性，需要定义一下黑场和白场的详细数值。

（5）定义白场。双击"色阶"对话框中的设置白场工具，在弹出的"拾色器（目标高光颜色）"对话框中设置 R 值为 244、G 值为 244、B 值为 244。单击"确定"按钮，关闭对话框，此时我们再次定义白场，将以该颜色为图像中的最亮色。

（6）定义黑场。双击"色阶"对话框中的设置黑场工具，在弹出的"拾色器（目标阴影颜色）"对话框中设置 R 值为 10、G 值为 10、B 值为 10。单击"确定"按钮，关闭对话框，此时我们再次定义黑场，将以该颜色为图像中的最暗色。

（7）使用设置白场工具在白色浪花处单击，形成如图 3.34 所示的效果，单击"确定"按钮并保存当前效果。

（8）使用设置黑场工具在沙滩上单击，形成如图 3.35 所示的效果，以加强图像的对比度，然后单击"确定"按钮，关闭对话框。

图 3.34

图 3.35

至此，我们已经将图像的颜色恢复为正常颜色，但是为了保证印刷的质量，还需要使用吸管工具配合"信息"面板，查看图像中是否存在纯黑或纯白的图像，然后按照上面的方法继续使用"色阶"命令对其进行调整。

2. 调整图像的灰场以校正偏色

在使用素材图片的过程中，不可避免地会遇到一些偏色的图像，而使用"色阶"对话框中的设置灰场工具，可以轻松地解决这个问题。使用设置灰场工具纠正偏色的操作方法很简单，只需要使用吸管单击图像中的某种颜色，即可在图像中消除或减弱此种颜色，从而纠正图像的偏色。以图 3.36 为例，使用设置灰场工具在图像中单击后的效果如图 3.37 所示，单击位置可以参考图 3.36 所示的吸管位置，可以看出由于去除了部分灰像素，图像中的铁壶表面呈现出红润的颜色。

图 3.36

图 3.37

提 示

在使用设置灰场工具时，由于单击的位置不同，往往呈现的效果也不同，可以多尝试几次以获得自己所需的效果。

3.10 "照片滤镜"命令——调整图像的色调

使用"照片滤镜"命令可以通过模拟传统光学的滤镜特效来调整图像的色调，使其具有暖色调或冷色调的倾向，也可以根据实际情况自定义其他色调。在菜单栏中选择"图像"|"调整"|"照片滤镜"命令，可以弹出如图 3.38 所示的"照片滤镜"对话框。该对话框中的部分选项功能如下。

- 滤镜：在此下拉列表中包括多达 20 种预设选项。用户可以根据需要进行选择，以对图像进行调整。
- 颜色：单击该选项后面的色块，可以在弹出的"拾色器（照片滤镜颜色）"对话框中自定义一种颜色以作为图像的色调。
- 浓度：用于调整应用于图像的颜色数量。该数值越大，应用于图像的颜色调整越多。
- 保留明度：在调整颜色的同时保持原图像的亮度。

下面介绍如何使用"照片滤镜"命令调整图像的色调，操作步骤如下。

（1）打开相关素材图片，如图 3.39 所示。

图 3.38

图 3.39

（2）在菜单栏中选择"图像"|"调整"|"照片滤镜"命令，在弹出的"照片滤镜"对话框中设置以下选项。首先设置"颜色"为橙色，然后设置"浓度"数值为 55%，如图 3.40 所示。图 3.41 所示为设置后的图像效果。

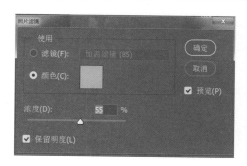

图 3.40

图 3.41

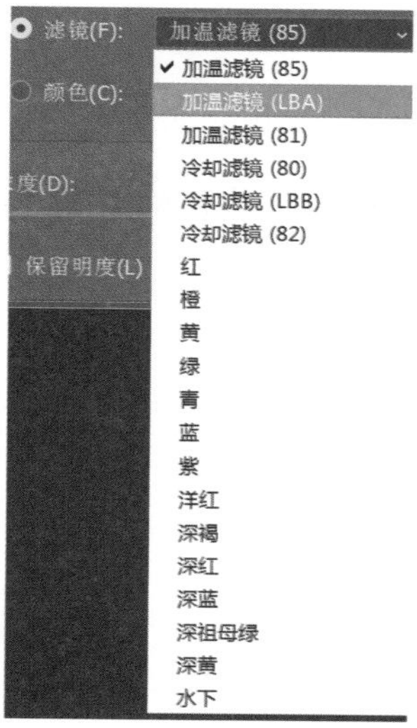

同时可以使用"滤镜"下拉列表中的选项，如图 3.42 所示，下面对其中部分选项进行简单说明。

- 加温滤镜：用于将图像调整为暖色调。
- 冷却滤镜：用于将图像调整为冷色调。

选择"加温滤镜（85）"选项，并设置相关选项，如图 3.43 所示。

图 3.42

图 3.43

（3）设置完毕后，单击"确定"按钮并保存当前图像。图 3.44 所示为经过直接选择"滤镜"下拉列表中的选项后图像色调偏暖的调整效果。

图 3.44

3.11　"曲线"命令——高级明暗及色彩调整

在菜单栏中选择"图像"|"调整"|"曲线"命令或者按 Ctrl+M 组合键，打开"曲线"对话框，可以通过在调节线上添加控制点来调整图像，同时可以通过对比度、亮度、通道来调整色彩。"曲线"对话框及"预设"下拉列表中的选项如图 3.45 所示。

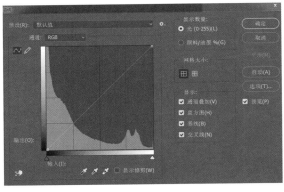
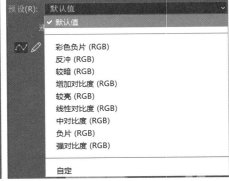

图 3.45

使用调节线调整图像的操作步骤如下。

（1）打开相关素材图片，如图 3.46 所示。

图 3.46

（2）按 Ctrl+M 组合键或者在菜单栏中选择"图像"|"调整"|"曲线"命令，弹出如图 3.47 所示的"曲线"对话框。

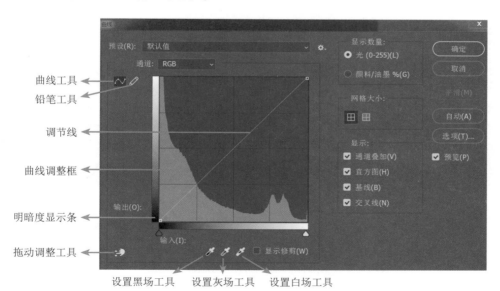

图 3.47

该对话框中的部分选项功能如下。

- 预设：除了可以通过手动编辑曲线来调整图像，还可以直接在"预设"下拉列表中选择一个 Photoshop 自带的调整选项来调整图像。

- 通道：与"色阶"对话框中的"通道"下拉列表相同，在不同的颜色模式下，此下拉列表将显示不同的选项。
- 曲线调整框：该区域用于显示当前对曲线所进行的修改。按住 Alt 键在该区域中单击，可以增加网格的显示数量，从而便于对图像进行精确的调整。
- 明暗度显示条：曲线调整框左侧和底部的渐变显示条。其中，横向的显示条表示图像在调整前的明暗度状态，纵向的显示条表示图像在调整后的明暗度状态。
- 调节线：在该直线上可以添加最多不超过 14 个节点，当鼠标指针位于某节点上并变为方向箭头状态时，就可以拖动该节点对图像进行调整。要删除节点，可以选中节点并将其拖动到对话框外部，或者在选中节点的情况下，按 Delete 键即可。
- 曲线工具：使用该工具可以在调节线上添加控制点，并以曲线方式调整调节线。
- 铅笔工具：使用该工具可以通过手绘方式在曲线调整框中绘制曲线。
- 平滑：当使用铅笔工具绘制曲线时，该按钮才会被激活。单击该按钮，可以让所绘制的曲线变得更加平滑。

（3）在"通道"下拉列表中选择要调整的通道名称。由于在默认情况下，未调整前的图像的"输入"与"输出"数值相同，因此在"曲线"对话框中表现为一条直线。

（4）以素材图片（见图 3.46）为例，由于图片较暗，因此需要提升其亮度，但不能失去很多细节。设置的调整节点如图 3.48 所示，调整后的显示效果如图 3.49 所示。

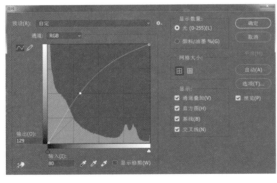

图 3.48

图 3.49

（5）如果需要调整多个区域，则可以在直线上单击多次，以添加多个变换控制点。对于不需要的变换控制点，可以先选中这个点，然后按 Delete 键将其删除。

（6）在设置好"曲线"对话框中的选项后，单击"确定"按钮，即可完成图像的调整操作。

在"曲线"对话框中选择拖动调整工具，然后在素材图片中选择需要降低亮度的地方向下拖动以降低亮度，如图 3.50 所示，此时曲线会进行相应的变换，如图 3.51 所示。图 3.52 所示为调整前后的图像效果对比。

图 3.50

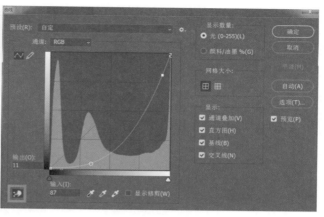

图 3.51

图 3.52

　　通过上面的实例可以看出，拖动调整工具  只是在操作的方法上与之前使用的工具有些不同，而在调整的原理上并没有任何变化。该实例利用了 S 形曲线增加图像的对比度，而这种形态的曲线完全可以在 "曲线" 对话框中通过编辑曲线的方式得到，所以读者在实际操作的过程中，可以根据自己的需要，选择使用某种方式来调整图像。

3.12　"可选颜色"命令——通过颜色增减进行调整

　　与其他调整命令相比，"可选颜色"命令的原理较难理解。具体来说，它通过为一种选定的颜色增减青色、洋红、黄色及黑色，从而实现改变该颜色的目的。在掌握了此命令的用法后，可以实现极为丰富的调整操作，因此常用于制作各种特殊色调的图像效果。

　　在菜单栏中选择"图像"|"调整"|"可选颜色"命令，可以弹出"可选颜色"对话框，如图 3.53 所示。

　　下面通过图 3.54 所示的 RGB 模式来介绍颜色调整的办法。

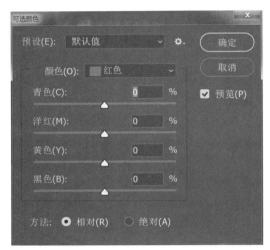

图 3.53

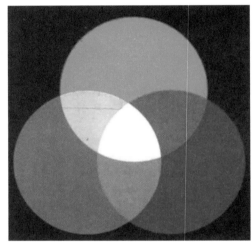

图 3.54

　　以图 3.55 为例，在"颜色"下拉列表中选择"青色"选项，表示对该颜色进行调整，并在选中"绝对"单选按钮时，向右侧拖动"洋红"滑块至 100%，如图 3.56 所示。图 3.57 所示为调整后的图像效果。由于红色与青色是互补色，当增加"洋红"数值时，青色就相应地减少，当增加"洋红"数值至 100% 时，青色会完全消失。

图 3.55

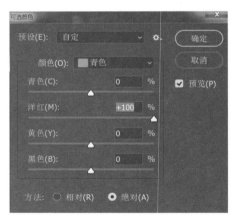

图 3.56

图 3.57

3.13 "HDR 色调" 命令——单张照片合成漂亮 HDR 效果（拓展）

　　HDR 是一种近年来极为流行的摄影表现手法，或者更准确地说，是一种后期图像处理技术。所谓 HDR，英文全称为 High-Dynamic Range，中文含义为 "高动态范围"。简单来说，就是让照片中无论高光部分还是阴影部分的细节都非常清晰。

　　Photoshop 提供的 "HDR 色调" 命令其实并非具有真正意义上的 HDR 合成功能，而是可以在同一张照片中，通过对高光、中间调及暗调的分别处理来模拟得到类似的效果。虽然获得的照片效果在细节上不可能与真正的 HDR 照片作品相提并论，但该命令最大的优点就是在只使用一张照片的情况下，就可以经过合成得到不错的效果，因此具有比较高的实用价值。

　　在菜单栏中选择 "图像" | "调整" | "HDR 色调" 命令，可以弹出 "HDR 色调" 对话框，如图 3.58 所示。

　　在 "方法" 下拉列表中，包含 "局部适应" "高光压缩" 等选项。其中，"局部适应" 选项最为常用，因此下面将重点介绍选择此选项后的选项设置。

- 半径：此选项用于控制发光的范围。这里需要将 "半径" 数值设置为 100 像素，将 "强度" 数值设置为 0.10（最小限定值为 0.10），将 "灰度系数" 数值设置为 1.00，设置前后的图片效果对比如图 3.59 所示。

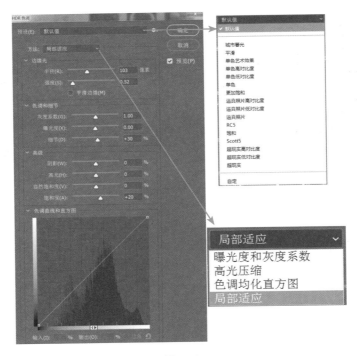

图 3.58

图 3.59

- 强度：此选项用于控制发光的对比度。图 3.60 所示为将"强度"数值设置为 4.00
  （最大值）的图像前后效果对比，同时，其余选项设置为："半径"数值为 100 像素；
  "灰度系数"数值为 1.00。

"色调和细节"区域中的选项用于控制图像的色调与细节，各选项的具体功能如下。

- 灰度系数：此选项用于控制高光与暗调之间的差异，其数值越大（向左侧拖动），
  图像的亮度越高，反之，图像的亮度越低。图 3.61 所示为将"灰度系数"数值
  设置为 0.01 的图像前后效果对比，同时，其余选项设置为："半径"数值为 100
  像素；"强度"数值为 0.10（这里最小限定值为 0.10）。

图 3.60

图 3.61

- 曝光度：此选项用于控制图像整体的曝光强度，也可以将其理解为亮度。图 3.62 所示为将 "曝光度" 数值设置为 +3.60 的图像前后效果对比，同时，其余选项设置为："半径" 数值为 100 像素，"强度" 数值为 0.10（这里最小限定值为 0.10），"灰度系数" 数值为 1.00。

图 3.62

- 细节：当该数值为负值（向左侧拖动）时，画面会失去一些细节；当该数值为正值（向右侧拖动）时，可以显示出更多的细节内容，但颗粒感较重，也就是噪点会越明显。图 3.63 所示为将 "细节" 滑块拖动到 +300% 后的图像前后效果对比，同时，其余选项设置为："半径" 数值为 100 像素，"强度" 数值为 0.10（这里最小限定值为 0.10），"灰度系数" 数值为 1.00。

图 3.63

"高级"区域中的选项用于控制图像的阴影、高光及色彩饱和度，各选项的具体功能如下。

- 阴影、高光：这两个选项用于控制图像阴影区域或高光区域的亮度。
- 自然饱和度：拖动此滑块可以调整那些与已饱和的颜色相比不饱和的颜色的饱和度，从而获得更加柔和、自然的图像饱和度效果。
- 饱和度：拖动此滑块可以调整图像中所有颜色的饱和度，使所有颜色获得等量的饱和度调整，因此使用此滑块可能导致图像的局部颜色过度饱和。

"色调曲线和直方图"区域中的选项用于控制图像整体的亮度，其使用方法与"曲线"对话框中的曲线调整框基本相同，单击其右下角的"复位曲线"按钮 ↺，可以将曲线恢复到初始状态。

图像的颜色
模式转换

3.14　本章习题

一、选择题

1. 下列命令中用来校正偏色的是（　　　　）。

　　A. 色调均化　　　　B. 阈值　　　　　　C. 色彩平衡　　　　　　D. 亮度 / 对比度

2. 下列色彩调整命令中可提供最精确调整的是（　　　　）。

　　A. 色阶　　　　　　B. 亮度 / 对比度　　C. 曲线　　　　　　　　D. 色彩平衡

3. 设定图像的白场的方法是（　　　　）。

　　A. 选择工具箱中的吸管工具 ⌖，在图像的高光处单击

　　B. 选择工具箱中的颜色取样器工具 ⌖，在图像的高光处单击

　　C. 在"色阶"对话框中选择设置白场工具 ⌖，并在图像的高光处单击

　　D. 在"色彩范围"对话框中选择设置白场工具 ⌖，并在图像的高光处单击

4. "色阶"命令的快捷键是（　　　　）。

　　A. Ctrl+U　　　　　B. Ctrl+L　　　　　C. Ctrl+M　　　　　　　D. Ctrl+B

5. "色相／饱和度"命令的快捷键是（　　　）。

    A. Ctrl+U   B. Ctrl+L   C. Ctrl+M   D. Ctrl+B

6. "色彩平衡"命令的快捷键是（　　　）。

    A. Ctrl+U   B. Ctrl+L   C. Ctrl+M   D. Ctrl+B

7. 下列命令中最适合调整风景照片色彩饱和度的是（　　　）。

    A. 色相／饱和度   B. 自然饱和度

    C. 色彩平衡   D. 亮度／对比度

8. 下面对"色阶"命令的描述中正确的是（　　　）。

    A. 减小"色阶"对话框中"输入色阶"最右侧的数值会导致图像变亮

    B. 减小"色阶"对话框中"输入色阶"最右侧的数值会导致图像变暗

    C. 增加"色阶"对话框中"输入色阶"最左侧的数值会导致图像变亮

    D. 增加"色阶"对话框中"输入色阶"最左侧的数值会导致图像变暗

9. 下列命令中可以完全去除照片色彩的是（　　　）。

    A. 去色   B. 色相／饱和度

    C. 亮度／对比度   D. 黑白

10. 下列命令中可以调整图像的亮度与对比度的有（　　　）。

    A. 色阶   B. 曲线   C. 亮度／对比度   D. 反相

二、上机操作题

1. 打开素材图片，如图 3.64 所示。首先使用魔棒工具选择黑色区域，然后使用蒙版进行精修，形成如图 3.65 和图 3.66 所示的效果，接下来删除蒙版，在菜单栏中选择"图像"｜"调整"｜"色相／饱和度"命令，在弹出的"色相／饱和度"对话框中勾选"着色"复选框以调整胡子的颜色，或者直接使用油漆桶工具进行颜色填充。如果使用"色相／饱和度"命令，则可以将"色相"数值调整为 18，将"饱和度"数值调整为 100，使"明度"数值保持默认设置为 0，将胡子调整为棕红色，如图 3.67 所示。

图 3.64

图 3.65

图 3.66　　　　　　　　　　　　　　　　　　　图 3.67

2. 打开素材图片,如图 3.68 所示。在菜单栏中选择"图像"|"调整"|"色阶"命令,调整其对比度,直至得到如图 3.69 所示的效果。

图 3.68　　　　　　　　　　　　　　　　　　　图 3.69

设置 RGB 的各个通道:"红"通道为 1.20;"绿"通道为 1.00;"蓝"通道为 1.24,如图 3.70 所示。

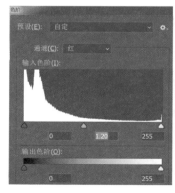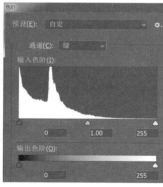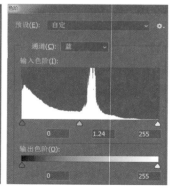

图 3.70

第4章

修复和装饰

4.1 仿制图章工具

使用仿制图章工具 ⚑ 及其工具选项栏，可以通过做图的方式复制局部图像，并十分灵活地仿制图像。仿制图章工具 ⚑ 的工具选项栏如图 4.1 所示。

图 4.1

在使用仿制图章工具 ⚑ 进行图像仿制的过程中，图像参考点位置将显示一个十字准心，而在操作处将显示代表笔刷大小的空心圆，在勾选"对齐"复选框的情况下，十字准心与操作处显示的图标和空心圆间的相对位置与角度不变。

仿制图章工具 ⚑ 的工具选项栏中的重要选项功能如下。

- 对齐：在勾选此复选框的情况下，整个取样区域仅需要应用一次，即使操作由于某种原因而停止，当再次使用仿制图章工具 ⚑ 进行操作时，仍然可以从上次操作结束时的位置开始。如果未勾选此复选框，则每次停止操作后，当继续绘画时，都将从初始参考点位置开始应用取样区域。
- 样本：在此下拉列表中可以选择定义样式时所使用的图层范围，包括"当前图层""当前和下方图层""所有图层"3 个选项，从其名称上就可以很容易地理解定义样式时所使用的图层范围。
- "忽略调整图层"按钮 ⬚：在"样本"下拉列表中选择"当前和下方图层"或"所有图层"选项时，该按钮将被激活。单击该按钮，将在定义源图像时忽略图层中的调整图层。

使用仿制图章工具 ⚑ 的具体操作步骤如下。

（1）打开素材图片，如图 4.2 所示。在海的红色选框区域增加浪花，如图 4.3 所示。

图 4.2

图 4.3

（2）选择仿制图章工具 ⚒.，并设置其工具选项栏。按住 Alt 键在红色选框区域单击，将单击处的点作为参考点或复制开始点，如图 4.4 所示。

（3）将仿制图章工具的光标置于需要仿制浪花的一侧区域中，如图 4.5 所示，按住或单击鼠标左键即可复制参考点处的浪花。

图 4.4

图 4.5

（4）可以重复创设复制点，然后进行仿制，直到实现自己满意的效果，最后保存当前效果。

4.2　修复画笔工具

修复画笔工具 ✐.的最佳操作对象是有皱纹或雀斑等的人物图像，或者有污点或划痕等的物体图像，因为该工具能够根据要修改点周围的像素及色彩将其较好地复原，并且不留任何痕迹。

使用修复画笔工具 ✐.的具体操作步骤如下。

（1）打开素材图片，如图 4.6 所示，图片中人物的右脸下侧有些污迹，需要进行清理。

（2）选择修复画笔工具 ✐.，在其工具选项栏中设置相关选项，如图 4.7 所示。

图 4.6

图 4.7

该工具选项栏中的重要选项功能如下。

- 取样：用取样区域的图像修复需要改变的区域。
- 图案：用设置的图案修复需要改变的区域。

（3）在"画笔"下拉列表中选择合适大小和形状的画笔，需要注意的是，应根据需要修补的区域大小选择。

（4）在工具选项栏中单击"取样"按钮，按住 Alt 键在需要取样的区域单击取样，如图 4.8 所示。取样的位置一般在需要覆盖污迹的附近，对于这个例子，需要进行多次取样覆盖。

（5）释放 Alt 键，并将光标放置在需要修复的目标区域，按住鼠标左键拖动修复画笔工具，即可修复此区域，如图 4.9 所示。

图 4.8

图 4.9

4.3　污点修复画笔工具

污点修复画笔工具 用于去除照片中的杂色或污斑。此工具与修复画笔工具 非常相似，不同之处在于：在使用此工具时不需要进行取样，只需要使用此工具在图像中有需要的位置单击，即可去除该处的杂色或污斑。其工具选项栏如图 4.10 所示。

图 4.10

4.4　修补工具

使用修补工具 .的操作步骤是先选择图像中的某一个区域，再使用此工具拖动选区至另一个区域以完成修补工作。修补工具 .的工具选项栏如图 4.11 所示。

图 4.11

该工具选项栏中的部分选项功能如下。

- 修补：在此下拉列表中，当选择"正常"选项时，将按照默认的方式进行修补；当选择"内容识别"选项时，Photoshop 将自动根据修补范围附近的图像进行智能修补。
- 源：如果单击"源"按钮，则需要先选择要修补的区域，再将鼠标指针放置在选区内部，并拖动选区至无瑕疵的图像区域，此时选区中的图像将被无瑕疵区域的图像替换。
- 目标：如果单击"目标"按钮，则操作顺序正好相反，需要先选择无瑕疵的图像区域，再将选区拖动至有瑕疵的图像区域。
- 透明：勾选此复选框后，可以将选区中的图像与目标位置处的图像以一定的透明度进行混合。
- 使用图案：在图像中制作选区后，在其"图案拾色器"面板中选择一种图案，并单击"使用图案"按钮，则选区中的图像将被替换为所选择的图案。

若在"修补"下拉列表中选择"内容识别"选项，则其工具选项栏将变为图 4.12 所示的状态。

图 4.12

- 结构：此数值越大，则修复结果的形态会更贴近原始选区的形态，但边缘可能会略显生硬；反之，修复结果的边缘会更自然、柔和，但可能会出现过度修复的问题。
- 颜色：此选项用于控制修复结果中源图像色彩的可修改程度。此数值越小，则会保留更多被修复图像区域的色彩；反之，会保留更多源图像的色彩。

值得一提的是，在使用修补工具 .并以"内容识别"方式进行修补后，只要不取消选区，即可随意设置"结构"及"颜色"数值，直至得到满意的结果为止。

4.5 本章习题

一、选择题

1. 下列工具中以复制图像的方式进行图像修复处理工作的是（　　　）。

    A. 修复画笔工具　　　　　　　　　B. 修补工具

    C. 污点修复画笔工具　　　　　　　D. 仿制图章工具

2. 在使用仿制图章工具时，按住（　　　）并单击可以定义源图像。

    A. Alt 键　　　　　B. Ctrl 键　　　　　C. Shift 键　　　　　D. Alt+Shift 组合键

3. 下列关于仿制图章工具的说法中，正确的是（　　　）。

    A. 在勾选"对齐"复选框时，整个取样区域仅需要应用一次，当反复使用此工具进行操作时，仍然可以从上次操作结束时的位置开始

    B. 在取消勾选"对齐"复选框时，每次停止操作后，当继续绘画时，都将从初始参考点位置开始应用取样区域

    C. 若选择"当前图层"选项，则取样和复制操作都只在当前图层及其下方图层中生效

    D. 单击"忽略调整图层"按钮，可以在定义源图像时忽略图层中的调整图层

4. 下列关于修复画笔工具和污点修复画笔工具的说法中，不正确的是（　　　）。

    A. 修复画笔工具可以基于选区进行修复操作

    B. 修复画笔工具在使用前需要定义源图像

    C. 污点修复画笔工具在使用前需要定义源图像

    D. 污点修复画笔工具可以在目标图像上涂抹，以修复不规则的图像

二、上机题

打开相应的素材图片，如图 4.13 所示。结合仿制图章工具和修复画笔工具的使用，适当使用画笔工具来修复相应的人物，可以先复制背景层，在复制的背景层上进行操作，当然后期所需的图层数应根据具体需要来定义，如图 4.14 所示。

图 4.13

图 4.14

第 5 章

图层的基础功能

5.1 图层的概念

图层可以被看作一张一张独立的透明胶片。在每一个图层中,可以有很丰富的内容。将所有图层以层叠的形式放置在一起,就合成了一幅更加美丽的图像。在"图层"面板中,可以看到不同图层的内容, 如果不想看到某个图层的内容, 则可以单击图层前面的小眼睛图标以隐藏图层的内容,而屏幕上的图片是将所有可见图层叠加后的效果,如图 5.1所示。

图 5.1

5.2 了解"图层"面板

"图层"面板集成了 Photoshop 中绝大部分与图层相关的常用命令及操作按钮。使

用此面板可以快速地对图层进行创建、复制及删除等操作。按 F7 键或者在菜单栏中选择"窗口"|"图层"命令，即可显示"图层"面板，其功能分区如图 5.2 所示。

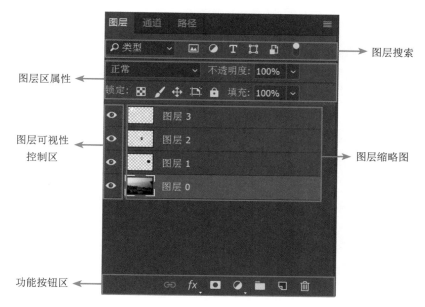

图 5.2

5.3　图层的基本操作

5.3.1　创建图层

常用的创建图层的方法如下。

1. 使用按钮创建图层

单击"图层"面板底部的"创建新图层"按钮，可以直接创建一个采用 Photoshop 默认值的新图层，这也是创建新图层最常用的方法。

> **提示**
>
> 　　在使用此方法创建新图层时，如果需要改变默认值，则可以按住 Alt 键单击"创建新图层"按钮，然后在弹出的对话框中进行修改；如果在按住 Ctrl 键的同时单击"创建新图层"按钮，则可以在当前图层下方创建新图层。

2. 通过复制和剪切创建图层

如果当前存在选区，则还有两种方法可以从当前选区中创建新的图层，即在菜单

栏中选择"图层"|"新建"|"通过拷贝的图层"和"通过剪切的图层"命令来新建图层。

- 在存在选区的情况下，选择"图层"|"新建"|"通过拷贝的图层"命令，可以将当前选区中的图像复制到一个新的图层中。该命令的快捷键为 Ctrl+J。
- 在没有任何选区的情况下，选择"图层"|"新建"|"通过拷贝的图层"命令，可以复制当前选中的图层。
- 在存在选区的情况下，选择"图层"|"新建"|"通过剪切的图层"命令，可以将当前选区中的图像剪切到一个新的图层中。该命令的快捷键为 Ctrl+Shift+J。

5.3.2　选择图层

1. 在"图层"面板中选择图层

如果要选择某图层或图层组，则可以在"图层"面板中单击该图层或图层组的名称。当某图层处于被选择的状态时，文档窗口的标题栏中将显示该图层的名称。另外，选择移动工具并在画布中右击，可以在弹出的快捷菜单中显示当前单击位置处的图像所在的图层。

2. 选择多个图层

同时选择多个图层的方法如下。

（1）如果要选择连续的多个图层，则在选择一个图层后，按住 Shift 键在"图层"面板中单击另一图层的图层名称，此时两个图层间的所有图层都会被选中。

（2）如果要选择不连续的多个图层，则在选择一个图层后，按住 Ctrl 键在"图层"面板中单击另一图层的图层名称。通过同时选择多个图层，用户可以一次性对这些图层执行复制、删除、变换等操作。

5.3.3　显示 / 隐藏图层、图层组或图层效果

显示 / 隐藏图层、图层组或图层效果操作是非常简单且基础的一类操作。

在"图层"面板中单击图层、图层组或图层效果左侧的眼睛图标 👁，使该处图标呈现为"口"，即可隐藏该图层、图层组或图层效果；再次单击眼睛图标处，可重新显示图层、图层组或图层效果。

> **提示**
>
> 如果在眼睛图标 👁 列中按住鼠标左键向下拖动，则可以显示或隐藏拖动过程中所有鼠标指针经过的图层或图层组。按住 Alt 键单击图层左侧的眼睛图标 👁 ，可以只显示该图层而隐藏其他图层；再次按住 Alt 键单击该图层左侧的眼睛图标 👁 ，即可重新显示其他图层。

需要注意的是，只有可见图层才可以被打印。如果要打印当前图像，则必须保证图像所在的图层处于显示状态。

5.3.4　改变图层顺序

由于图层中的图像具有上层覆盖下层的特性，因此适当地调整图层顺序可以制作出更加丰富的图像效果。调整图层顺序的操作方法非常简单：按住鼠标左键将图层拖动到目标位置，当目标位置显示出一条高光线时释放鼠标即可。

5.3.5　在同一图像文件中复制图层

在同一图像文件中复制图层的操作，可以分为对单个图层和对多个图层进行复制两种类型，两者的操作方法基本相同。

- 在当前不存在选区的情况下，按 Ctrl+J 组合键可以复制当前选中的图层。该操作仅在复制单个图层时有效。
- 在菜单栏中选择"图层"|"复制图层"命令，或者在图层名称上右击，在弹出的快捷菜单中选择"复制图层"命令，此时将弹出如图 5.3 所示的"复制图层"对话框。

> **提 示**
>
> 如果在此对话框的"文档"下拉列表中选择"新建"选项，并在"名称"文本框中输入一个文件名称，则可以将当前图层复制为一个新的文件。

- 选择需要复制的一个或多个图层，则会出现如图 5.4 所示的对话框。

图 5.3　　　　　　　　　　　　　　　　图 5.4

- 在"图层"面板中选择需要复制的一个或多个图层，按住 Alt 键拖动要复制的图层，此时光标将变为 ▶ 状态，将此图层拖动到目标位置即可。

5.3.6　在不同图像文件间复制图层

在两个图像文件间复制图层，可以按照下述步骤操作。

（1）在源图像的"图层"面板中，选择要复制的图像所在的图层。

（2）在菜单栏中选择"选择"|"全选"命令，或者使用前面章节所讲述的功能创建选区以选中需要复制的图像，按 Ctrl+C 组合键执行复制操作。

（3）激活目标图像，按 Ctrl+V 组合键执行粘贴操作。

更简单的方法是选择移动工具，将两个图像文件并列，从源图像中拖动需要复制的图像到目标图像中。

5.3.7　重命名图层

在 Photoshop 中创建图层时，系统会生成默认的图层名称，创建的新图层会被命名为"图层 1""图层 2"，以此类推。要改变图层的默认名称，可以执行以下操作之一。

（1）在"图层"面板中选择要重命名的图层，然后在菜单栏中选择"图层"|"重命名图层"命令，此时该图层名称变为可编辑状态，输入新的图层名称后，单击图层缩略图或者按 Enter 键确认即可。

（2）双击图层缩略图右侧的图层名称，此时该名称变为可编辑状态，输入新的图层名称后，单击图层缩略图或者按 Enter 键确认即可。

5.3.8　快速选择图层中的非透明区域

按住 Ctrl 键单击非"背景"图层的缩略图，即可选中该图层的非透明区域。

除上述操作方法外，还可以在"图层"面板中右击该图层的缩略图，在弹出的快捷菜单中选择"选择像素"命令，得到非透明选区。

如果在当前图层中已经存在一个选区，则在"图层"面板中右击该图层，在弹出的快捷菜单中选择"添加透明蒙版""减去透明蒙版""交叉透明蒙版"命令，可以分别在当前选区中增加该图层非透明选区、减少该图层非透明选区或得到两个选区重合部分的选区。

5.3.9　删除图层

删除无用的或临时的图层有利于缩小文件的大小，从而便于文件的携带或网络传输。在"图层"面板中可以根据需要删除任意图层，但需要至少保留一个图层。

要删除图层，可以执行以下操作之一。

（1）在菜单栏中选择"图层"|"删除"|"图层"命令或者单击"图层"面板底部的"删除图层"按钮 🗑，在弹出的提示对话框中单击"是"按钮即可删除所选图层。

（2）在"图层"面板中选择需要删除的图层，并将其拖动至"图层"面板底部的"删除图层"按钮 🗑 上。

（3）如果要删除处于隐藏状态的图层，则可以在菜单栏中选择"图层"|"删除"|"隐藏图层"命令，在弹出的提示对话框中单击"是"按钮。

（4）还有一种更为方便、快捷的删除图层的方法，即在当前图像中不存在选区或路径的情况下，按 Delete 键删除当前选中的图层。

5.3.10　图层过滤

在 Photoshop CC 2017 中，新增了根据不同图层类型、名称、混合模式及颜色等属性对图层进行过滤及筛选的功能，便于用户快速查找、选择及编辑不同属性的图层。

要执行图层过滤操作，可以在"图层"面板左上角的"类型"下拉列表中选择图层过滤条件。

当选择不同的图层过滤条件时，"类型"下拉列表右侧会显示不同的选项。例如，在图 5.5 中，当在"类型"下拉列表中选择"类型"选项时，其右侧分别显示了像素图层过滤器、调整图层过滤器、文字图层过滤器、形状图层过滤器及智能对象滤镜等按钮。单击不同的按钮，即可在"图层"面板中仅显示所选类型的图层。图 5.6 所示为在"类型"下拉列表中选择"颜色"选项后，自动出现过滤器部分的菜单。在此可以对相应的图层进行调整，也可以单击下方的图层过滤器按钮进行选择，如图 5.7 所示。

图 5.5　　　　　　　　　　图 5.6　　　　　　　　　　图 5.7

若要关闭图层过滤功能，则可以单击过滤条件最右侧的"打开或关闭图层过滤器"按钮，使其变为状态即可。

5.4　图层组

5.4.1　创建图层组

要创建新的图层组，可以执行以下操作之一。

（1）在菜单栏中选择"图层"|"新建"|"组"命令，或者右击"图层"面板，在弹出的快捷菜单中选择"新建组"命令，可以弹出"新建组"对话框。在该对话框中

设置新图层组的"名称""颜色""模式""不透明度"等参数,并在设置完成后单击"确定"按钮,即可创建新的图层组。

（2）如果直接单击"图层"面板底部的"创建新组"按钮▇,则可以创建默认设置的图层组。

（3）如果要将当前存在的图层合并为一个图层组,则可以将这些图层选中,然后按 Ctrl+G 组合键或者在菜单栏中选择"图层"|"新建"|"从图层建立组"命令,在弹出的"新建组"对话框中单击"确定"按钮。

5.4.2　将图层移入、移出图层组

1. 将图层移入图层组

如果在创建的新图层组中没有图层,则在此情况下可以通过鼠标拖动的方式将图层移入图层组。具体操作如下：将图层拖动至图层组的目标位置,待出现黑色线框时,释放鼠标左键即可。

2. 将图层移出图层组

将图层移出图层组,可以使该图层脱离图层组。在具体操作时,只需要在"图层"面板中选中图层,然后将其移出图层组,当目标位置出现黑色线框时,释放鼠标左键即可。

> **提示**
>
> 在从图层组中向外移出多个图层时,如果要保持图层间的相互顺序不变,则应该从底层开始向上依次拖动,否则将无法保持原图层顺序。

5.5　画板

画板功能较早出现于 Adobe Illustrator,现在已经被融合到 Photoshop 中,这也是从 Photoshop CC 2015 开始才有的一项重要功能。本节将详细讲解画板功能的概念及其使用方法。

在 Photoshop 中,画板可用于界定图像的显示范围,并且可以通过创建多个画板来满足设计师在同一图像文件中设计多个页面或多个方案等需求。

例如,在设计移动设备应用程序的界面时,常常需要设计多个不同界面的效果图。在以前,用户只能将其保存在不同的文件中,或者保存在同一文件的不同图层组中,这样不仅操作非常麻烦,在查看和编辑文件时也极为烦琐,而使用画板功能可以在同一图像文件中创建多个画板,用于设计不同的界面。

从画板提供的功能及选项等方面来看，画板主要针对的是网络与移动设备的 UI 设计领域，但是通过灵活的运用，它也可以在平面设计、图像处理等领域发挥作用。例如，图 5.8 所示为在同一图像文件中，利用画板功能分别放置两个图像时的效果。

图 5.8

5.5.1　画布与画板的区别

画布用于界定当前文档的范围。在默认情况下，超出画布的图像都会被隐藏，从这个角度来说，画布与画板的功能是相同的。

两者的不同之处在于：在没有画板的情况下，画布是界定图像范围的唯一标准；而在创建画板之后，它将取代画布成为新的界定图像范围的标准。

与画布相比，画板的强大之处在于：在一个图像中，画布是唯一的，而画板（据官方说法）是无限的。用户可以在同一图像文件中创建多个画板，并分别在各画板中设计不同的内容，以便进行整体的浏览、对比和编辑，这对于网页及界面设计来说，是非常有用的功能。

5.5.2　创建新画板

在新建文档时，若选择其中的"画板"选项，则可以自动创建一个新的画板。除此之外，还可以使用以下方法创建新画板。

选择画板工具 🔲.，并在文档内部拖动以绘制一个范围（代表画板的尺寸），从而创建一个新画板。

图 5.9 所示为未加入第三个面板素材的情况；图 5.10 所示为加入第三个面板作为前两个面板的背景的情况。

另外，在当前存在至少一个画板时，选中任意一个画板，就会在其周围显示"添加画板"按钮▇，如图 5.11 所示。单击此按钮，即可在对应的位置创建与当前所选画板大小相同的新画板，如图 5.12 所示。

图 5.9 图 5.10

图 5.11 图 5.12

对比创建画板前后的效果，需要注意以下几点。

- 创建新画板后，系统会在现有的全部图层及图层组上方，增加一个特殊的图层组，即"画板 1"，用于装载当前画板中的内容。
- 创建新画板后，系统会自动在当前画板底部添加一个被填充为白色的颜色填充图层。用户可双击其缩略图，在弹出的对话框中重新设置其颜色。
- 创建新画板后，图层缩略图中原本显示为透明的区域会自动变为白色，但其中的图像仍然具有透明背景且没有被填充颜色。
- 超出画板的内容并没有被删除，只是由于超出画板的范围，因此没有被显示出来。

5.5.3 根据图层对象转换画板

在选择一个或多个图层后，右击图层名称，在弹出的快捷菜单中选择"来自图层的画板"命令，可以弹出如图 5.13 所示的"从图层新建面板"对话框。

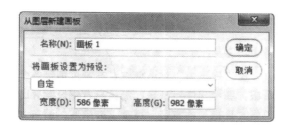

图 5.13

选择预设的尺寸或者手动输入"宽度"及"高度"数值,然后单击"确定"按钮即可。

5.5.4　移动画板

在 Photoshop 中，用户可以根据需要任意调整画板的位置，并且画板中的内容也会随之移动。

在"图层"面板中选择一个或多个画板后，如图 5.14 所示，将光标置于要移动的画板内部，按住鼠标左键拖动，即可移动画板，如图 5.15 所示。

图 5.14

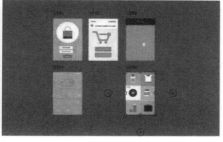

图 5.15

提 示

当在图层工作区中选中单个画板时，主工作区中的相应画板就被选中了，按住 Ctrl 键并使用鼠标左键选中画板就可以进行画板拖动了；当在图层工作区中按住 Ctrl 键并使用鼠标左键点选需要的多个画板后，无须按住 Ctrl 键，即可使用鼠标左键在主工作区中同时拖动多个画板。

5.5.5　调整画板大小

在"图层"面板中选择一个画板后，会自动切换至画板工具 。在画板工具 的工具选项栏中，可以设置当前画板的大小，如图 5.16 所示。用户可以根据需要选择预设的尺寸或者手动输入"宽度"及"高度"数值。

图 5.16

另外，在选择一个画板后，其周围会显示画板控制框。用户可以通过直接拖动该控制框来调整画板的大小。

5.5.6　复制画板

要复制画板，可以根据需要执行以下操作之一。

- 在"图层"面板中选择一个或多个要复制的画板，然后按住 Alt 键将其拖动到目标位置即可。
- 在"图层"面板中选择需要复制的画板，将其拖动到"创建新图层"按钮 上，即可复制画板。
- 选择要复制的画板，然后右击其名称，在弹出的快捷菜单中选择"复制画板"命令，或者直接在菜单栏中选择"图层"|"复制画板"命令，在弹出的对话框中设置复制的画板名称及目标文档的位置。

5.5.7　更改画板方向

在"图层"面板中选择一个画板后，在工具选项栏中可以单击"制作纵板"按钮 或"制作横板"按钮 ，以改变画板的方向。

5.5.8　重命名画板

重命名画板的方法与重命名图层或图层组的方法是相同的，用户可以直接在画板名称上双击，待其名称变为可编辑状态后，输入新的名称并按 Enter 键确认。

5.5.9　分解画板

分解画板是指删除所选的画板，但保留其中内容的操作。要分解画板，可以按 Ctrl+Shift+G 组合键或者在菜单栏中选择"图层"|"取消画板编组"命令。

5.5.10　将画板中的内容导出为图像

在创建多个画板并完成设计后，如果要将其中的内容导出为图像以供预览或印刷，则可以按照下面的方法操作。

1．快速导出为 PNG

在菜单栏中选择"文件"|"导出"|"快速导出为 PNG"命令，在弹出的对话框中选择文件的保存路径，即可按照画板的名称及默认的参数，将各个画板中的内容导

出为 PNG 格式的图像。

2. 高级导出设置

按 Ctrl+Alt+Shift+W 组合键或者在菜单栏中选择"文件"|"导出"|"导出为"命令，可以弹出如图 5.17 所示的"导出为"对话框。

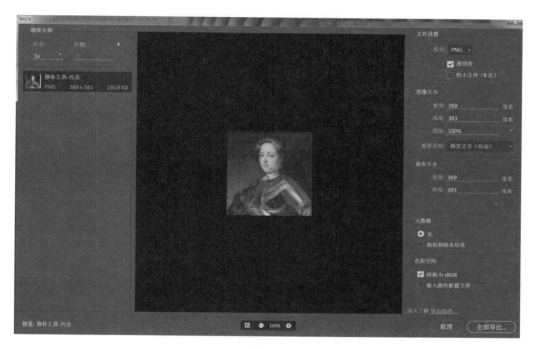

图 5.17

在"导出为"对话框中，可以在左侧选择各个画板，在中间进行预览，然后在右侧设置文件的导出格式及图像大小、画布大小等选项。

提示

在使用上述的"快速导出为 PNG"及"导出为"命令时，对于不包含在任何画板中的图像，不会对其进行导出。另外，若文档中不存在任何画板，则会将当前图像以画布尺寸导出为 PNG 格式的图像。

5.5.11　导出选中图层 / 画板中的内容

若需要只将当前选中的图层或画板中的内容导出为图像，则可以在菜单栏中选择"图层"|"快速导出为 PNG"命令或"导出为"（快捷键为 Ctrl+Alt+Shift+W）命令，从而将选中图层或画板中的内容导出为 PNG 或自定义格式的图像。这两个命令的使用方法与"文件"|"导出"子菜单中相应命令的使用方法相同，因此这里不再详细讲解。

5.6 对齐图层

在选择两个或更多个图层后，在菜单栏中选择“图层”|“对齐”子菜单下的命令，或者单击移动工具的工具选项栏上的各个对齐按钮，可以将所有选中图层的内容相互对齐。

下面以移动工具的工具选项栏上的对齐按钮为例，介绍其用法。

- 顶对齐：可以将选中图层的顶端像素与当前图层的顶端像素对齐。
- 垂直居中对齐：可以将选中图层垂直方向的中心像素与当前图层垂直方向的中心像素对齐。
- 底对齐：可以将选中图层的底端像素与当前图层的底端像素对齐。
- 左对齐：可以将选中图层的最左侧像素与当前图层的最左侧像素对齐。
- 水平居中对齐：可以将选中图层水平方向的中心像素与当前图层水平方向的中心像素对齐。
- 右对齐：可以将选中图层的最右侧像素与当前图层的最右侧像素对齐。

5.7 分布图层

在选中 3 个或更多个图层时，在菜单栏中选择“图层”|“分布”子菜单下的命令，或者单击移动工具的工具选项栏上的各个分布按钮，可以将所有选中图层的位置以某种方式重新分布。

下面以移动工具的工具选项栏上的分布按钮为例，介绍其用法。

- 按顶分布：从每个图层的顶端像素开始，间隔均匀地分布图层。
- 垂直居中分布：从每个图层垂直方向的中心像素开始，间隔均匀地分布图层。
- 按底分布：从每个图层的底端像素开始，间隔均匀地分布图层。
- 按左分布：从每个图层的左端像素开始，间隔均匀地分布图层。
- 水平居中分布：从每个图层水平方向的中心像素开始，间隔均匀地分布图层。
- 按右分布：从每个图层的右端像素开始，间隔均匀地分布图层。

5.8 合并图层

图像所包含的图层越多，其所占用的计算机空间就越大。因此，当图像的处理基本完成时，可以将各个图层合并以节省系统资源。当然，对需要随时修改的图像而言，最好不要合并图层，可以在保存副本文件后进行合并操作。

1．合并任意多个图层

按住 Ctrl 键单击想要合并的图层，将其全部选中，然后按 Ctrl+E 组合键或者在菜单栏中选择"图层"|"合并图层"命令即可。

2．合并所有图层

合并所有图层是指将"图层"面板中所有未被隐藏的图层合并的操作。要完成此操作，可以在菜单栏中选择"图层"|"拼合图像"命令，或者右击"图层"面板，在弹出的快捷菜单中选择"拼合图像"命令。

如果"图层"面板中含有隐藏的图层，则在执行此操作时，将会弹出提示对话框，此时单击"确定"按钮，Photoshop 会拼合图层，并删除隐藏的图层。

3．向下合并图层

向下合并图层是指将两个相邻的图层合并的操作。要完成此操作，可以先将位于上面的图层选中，然后在菜单栏中选择"图层"|"向下合并"命令，或者右击"图层"面板，在弹出的快捷菜单中选择"向下合并"命令。

4．合并可见图层

合并可见图层是指将所有未隐藏的图层合并在一起的操作。要完成此操作，可以在菜单栏中选择"图层"|"合并可见图层"命令，或者右击"图层"面板，在弹出的快捷菜单中选择"合并可见图层"命令。

5．合并图层组

如果要合并图层组，则在"图层"面板中选择该图层组，然后按 Ctrl+E 组合键或者在菜单栏中选择"图层"|"合并"命令即可。在合并图层组时，必须确保所有需要合并的图层可见，否则不可见图层将被删除。

执行合并操作后，得到的图层具有图层组的名称，并具有与其相同的不透明度和图层混合模式属性。

5.9　本章习题

一、选择题

1. 如果要在当前图层下方新建图层，则应该按住（　　　）键（或组合键）单击"创建新图层"按钮 ◻ 。

A. Alt　　　　　　　B. Ctrl　　　　　　C. Alt+Shift　　　　D. Ctrl+N

2. 单击 "图层" 面板上当前图层左侧的眼睛图标，结果是（　　　）。

　　A. 当前图层被锁定　　　　　　　　B. 当前图层被隐藏

　　C. 当前图层会以线条稿显示　　　　D. 当前图层被删除

3. 下列快捷键中可用于向下合并图层的是（　　　）。

　　A. Ctrl+E　　　B. Ctrl+Shift+E　　C. Ctrl+F　　　　　D. Ctrl+Alt+E

4. 在选择多个图层（不含背景图层）后，不可执行的操作是（　　　）。

　　A. 编组　　　　　　　　　　　　　B. 删除

　　C. 转换为智能对象　　　　　　　　D. 填充

5. 如果要对齐图层中的图像，则应该先（　　　）。

　　A. 选中要对齐的图层　　　　　　　B. 绘制选区将要对齐的图像选中

　　C. 将要对齐的图层链接起来　　　　D. 将要对齐的图层合并

6. 下列操作中不能删除当前图层的是（　　　）。

　　A. 用鼠标将此图层拖动到 "删除图层" 按钮🗑上

　　B. 右击 "图层" 面板，在弹出的快捷菜单中选择 "删除图层" 命令

　　C. 在存在选区时直接按 Delete 键

　　D. 直接按 Esc 键

7. Photoshop 提供的图层合并方式有（　　　）。

　　A. 向下合并图层　　　　　　　　　B. 合并可见图层

　　C. 拼合图层　　　　　　　　　　　D. 合并图层组

8. 下列操作中可以创建新的空白图层的是（　　　）。

　　A. 双击 "图层" 面板的空白处，在弹出的对话框中选择 "新图层" 选项

　　B. 单击 "图层" 面板下方的 "创建新图层" 按钮🔲

　　C. 使用鼠标将图像拖动到另一个文档中

　　D. 按 Ctrl+N 组合键

9. 要选中多个图层，可以按（　　　）键。

　　A. Ctrl　　　　　　B. Shift　　　　　C. Alt　　　　　　D. Tab

10. 下面对图层组的描述中正确的是（　　　）。

　　A. 在 "图层" 面板中单击 "创建新组" 按钮🗀，可以新建一个图层组

　　B. 可以将所有选中图层放到一个新的图层组中

　　C. 按住 Ctrl 键的同时单击图层组的名称，可以弹出 "图层组属性" 对话框

　　D. 在图层组中可以对图层进行删除和复制操作

11. 下列关于画板与画布的说法中，正确的是（　　　）。

　　A. 画板可以包含画布　　　　　　　B. 画布可以包含画板

　　C. 画布只能有一个　　　　　　　　D. 画板可以有多个

二、上机操作题

1. 打开素材图片，如图 5.18 所示。调整图层的顺序，制作出如图 5.19 所示的效果。

图 5.18

图 5.19

2. 打开素材图片，如图 5.20 所示。选择不同的图层，并使用移动工具 ✛ 调整相应图像的位置，直至得到如图 5.21 所示的效果。

图 5.20

图 5.21

第6章

画笔、渐变与变换功能

6.1　了解画笔工具

利用画笔工具 可以绘制边缘柔和的线条。选择工具箱中的画笔工具，其工具选项栏如图 6.1 所示。

图 6.1

该工具选项栏中的部分选项功能如下。

- 画笔：在其下拉列表中选择合适的画笔笔尖形状。
- 模式：在其下拉列表中选择使用画笔工具 绘图时的混合模式。
- 不透明度：此数值用于设置绘制效果的不透明度。其中，100% 表示完全不透明；0% 表示完全透明。图 6.2 所示为将该数值设置为 100% 时的效果；图 6.3 所示为将该数值设置为 25% 时的效果。通过这两张图片可以看出，数值越小，画笔的绘制效果越淡。

图 6.2

图 6.3

- 流量：此选项用于控制绘图时的速度。该数值越小，绘图的速度越慢。
- "喷枪"按钮 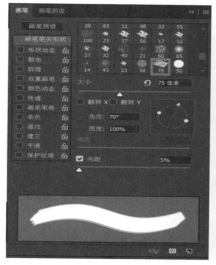：如果在工具选项栏中单击"喷枪"按钮，则可以使用"喷枪"模式工作。
- "绘图板压力控制画笔尺寸"按钮 ：在使用绘图板进行涂抹时，单击此按钮，将可以根据给予绘图板的压力控制画笔的尺寸。
- "绘图板压力控制画笔透明度"按钮 ：在使用绘图板进行涂抹时，单击此按钮，将可以根据给予绘图板的压力控制画笔的不透明度。

6.2　"画笔"面板

Photoshop 的"画笔"面板提供了非常丰富的选项，可以用于控制画笔的"形状动态""散布""颜色动态""传递""杂色""湿边"等数种动态属性，将这些参数组合，可以得到千变万化的效果。

6.2.1　在面板中选择画笔

如果要在"画笔"面板中选择画笔，则可以选择"画笔"面板的"画笔笔尖形状"选项，此时在画笔笔尖显示区将显示当前"画笔"面板中的所有画笔笔尖形状，如图 6.4 所示。用户可以在此选择自己需要的画笔粗细和形状。

或者在画笔工具的工具选项栏中单击画笔粗细对应的下拉按钮，可以弹出属性面板，然后单击"设置"按钮 ，在弹出的下拉列表中，可以管理画笔，如图 6.5 所示。

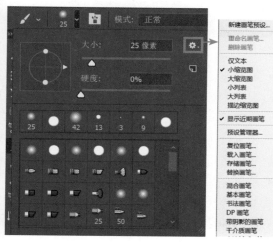

图 6.4　　　　　　　　　　　图 6.5

6.2.2 设置画笔笔尖形状

1."画笔笔尖形状"选项设置

在"画笔"面板中选择"画笔笔尖形状"选项（见图 6.4）。可以在此设置当前画笔的基本属性，包括画笔的"大小""硬度""间距"等。

- 大小：在此文本框中输入数值或者调整滑块，可以设置画笔笔尖的大小。该数值越大，画笔笔尖的直径越大。图 6.6 中左边的白色线条是使用笔尖大小为 42 像素的画笔绘制的，而右边的线条则是使用笔尖大小为 20 像素的画笔绘制的，效果对比比较明显。
- 翻转 X、翻转 Y：这两个选项可以令画笔进行水平方向或垂直方向上的翻转。首先单击"画笔面板"按钮,打开"画笔"面板,选择画笔笔尖形状（见图 6.4 的红色框）。然后在白色画布上绘制，如图 6.7 所示，其中左上角为原笔型，右上角为勾选"翻转 X"复选框后的效果,左下角为勾选"翻转 Y"复选框后的效果，右下角为将"角度"数值设置为 70° 后的效果。

图 6.6

图 6.7

- 角度：在此文本框中输入数值，可以设置画笔旋转的角度。
- 圆度：在此文本框中输入数值，可以设置画笔的圆度。该数值越大，画笔笔尖就越趋向于正圆或者画笔笔尖在定义时所具有的比例。例如，在"画笔"面板中进行选项设置后,分别修改"圆度"数值及工具选项栏中的"不透明度"数值，然后可以在图像中添加类似镜面反光的效果。
- 硬度：当在画笔笔尖显示区中选择椭圆形画笔笔尖时，此选项才会被激活。在此文本框中输入数值或者调整滑块，可以设置画笔边缘的硬度。该数值越大，笔尖的边缘就越清晰；该数值越小，笔尖的边缘就越柔和。
- 间距：在此文本框中输入数值或者调整滑块，可以设置绘图时组成线段的两点间的距离。该数值越大，两点间的距离就越大。当将画笔的"间距"数值设置得足够大时，可以得到点线效果。图 6.8 所示的上面和下面的线条为将"间距"数值分别设置为 2% 和 165% 时得到的点线效果。

2. "形状动态"选项设置

"画笔"面板左侧选项区的选项包括"形状动态""散布""纹理""双重画笔""颜色动态""传递""画笔笔势""杂色""湿边""建立""平滑""保护纹理"等多种预设形式，配合各种选项设置，可以得到非常丰富的画笔效果，如图 6.9 所示。

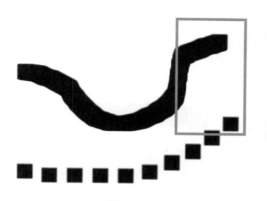

图 6.8

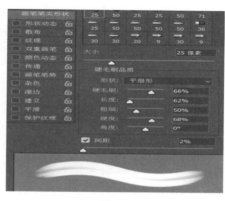

图 6.9

在"画笔"面板中勾选"形状动态"复选框，此时"画笔"面板的显示效果如图 6.10 所示，在此可以设置的部分选项功能如下。

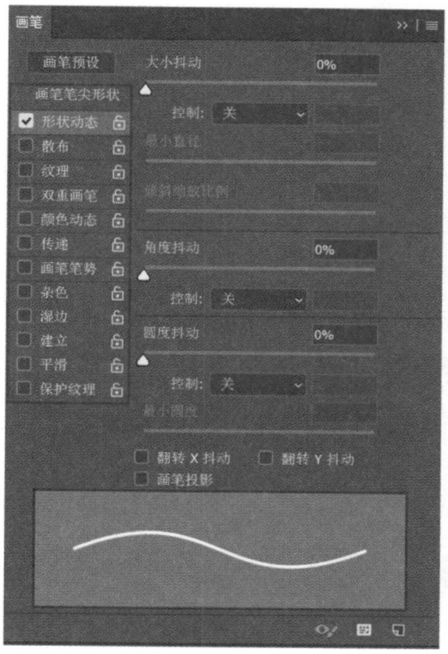

- 大小抖动：此选项用于控制画笔在绘制过程中尺寸的波动幅度。该数值越大，波动的幅度就越大。图 6.11 所示的上面和下面的线条为将"大小抖动"数值分别设置为 25% 和 100% 后，描边路径得到的效果。可以看到，下面线条的抖动较大。

图 6.11

在进行路径描边时，应将画笔工具的工具选项栏中的"模式"设置为"颜色减淡"。

图 6.10

- 控制：在此下拉列表中包括 5 种用于控制画笔波动方式的选项，即"关""渐隐""钢笔压力""钢笔斜度""光笔轮"。选择"渐隐"选项，将激活其右侧的

　　文本框，在此可以输入数值以改变画笔笔尖渐隐的步长。该数值越大，画笔消失的速度越慢，其描绘的线段越长。图 6.12 所示的上面和下面的线条为将"大小抖动"数值设置为 0%，并将"渐隐"数值分别设置为 100 和 1000 时得到的效果。可以看到，"渐隐"数值越大，线条越平滑，绘制直线越容易。

　　需要注意的是，"控制"下拉列表中的"钢笔压力""钢笔斜度""光笔轮"等 3 种方式都需要压感笔的支持，否则无法对其进行设置。

- 最小直径：此选项用于控制在尺寸发生波动时画笔笔尖的最小尺寸。该数值越大，发生波动的范围越小，波动的幅度也会相应变小。当画笔的动态达到最小时，尺寸最大。图 6.13 所示的上面和下面的线条为将"大小抖动"数值设置为 30，并将"最小直径"数值分别设置为 10% 和 80% 时进行绘制的效果。注意：当"大小抖动"数值被设置为 0 时，"最小直径"和"倾斜缩放比例"的数值是无法被设置的。

图 6.12　　　　　　　　　　　　　　　图 6.13

- 角度抖动：此选项用于控制画笔在角度上的波动幅度。该数值越大，波动的幅度越大，画笔显得越紊乱。图 6.14 所示的上面和下面的线条为将画笔的"圆度"数值设置为 70%，并将"角度抖动"数值分别设置为 0% 和 90% 时进行绘制的效果。
- 圆度抖动：此选项用于控制画笔在圆度上的波动幅度。该数值越大，波动的幅度越大。图 6.15 所示的上面和下面的线条为将"角度抖动"和"大小抖动"数值都设置为 0%，并将"圆度抖动"数值分别设置为 0% 和 100% 时进行绘制的效果。
- 最小圆度：此选项用于控制画笔在圆度发生波动时其最小圆度尺寸值。该数值越大，则发生波动的范围越小，波动的幅度也会相应变小。
- 画笔投影：此选项可以使笔触更加圆滑、抖动减少。图 6.16 所示的上面和下面的线条为勾选和不勾选此复选框的绘制效果。

图 6.14　　　　　　　　　　图 6.15　　　　　　　　　　图 6.16

3. "散布"选项设置

在"画笔"面板中勾选"散布"复选框,此时"画笔"面板的显示效果如图 6.17 所示,可以在此设置"散布""数量""数量抖动"等选项。

- 散布:此选项用于控制在画笔发生偏离时绘制的笔画的偏离程度。该数值越大,偏离程度就越大。图 6.18 所示的上面和下面的线条为分别将此数值设置为 250% 和 800% 时,按一字形笔画在白色图像中涂抹的效果。
- 两轴:勾选此复选框,画笔点在 X 和 Y 轴方向上发生分散;不勾选此复选框,则画笔点只在 X 轴方向上发生分散。
- 数量:此选项用于控制笔画上画笔点的数量。该数值越大,构成画笔笔画的画笔点就越多。图 6.19 所示的上面和下面的线条为分别将此数值设置为 15 和 3,同时将"散布"数值设置为 100% 后的效果。
- 数量抖动:此选项用于控制在绘制的笔画中画笔点数量的抖动幅度。该数值越大,则得到的笔画中画笔点数量的抖动幅度越大。图 6.20 所示的上面和下面的线条为将"数量"数值设置为 5,"散布"数值设置为 100%,并将"数量抖动"数值分别设置为 10% 和 90% 后的效果。

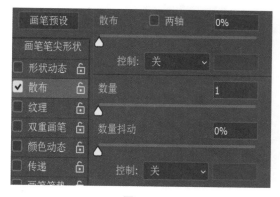

图 6.17

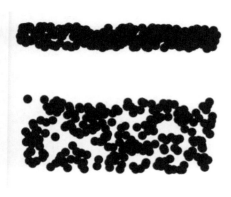

图 6.18

图 6.19

图 6.20

4. "颜色动态"选项设置

在"画笔"面板中勾选"颜色动态"复选框,此时"画笔"面板的显示效果如图 6.21 所示,可用于动态地改变画笔的颜色效果。

- 应用每笔尖:每个"颜色动态"选项都与前景色和背景色有关,当勾选此复选框后,即可交替使用前景色和背景色进行绘图,否则只能使用前景色或背景色进行绘图,具体操作时需要和其他选项配合使用。
- 前景 / 背景抖动:在勾选"应用每笔尖"复选框后,才可以交替使用前景色和背景色。在此文本框中输入数值或者拖动滑块,可以在使用画笔时控制画笔的颜色变化情况。该数值越大,则画笔的颜色在发生随机变化时,越接近于背景色;该数值越小,则画笔的颜色在发生随机变化时,越接近于前景色。如图 6.22 所示,设置前景色为红色、背景色为绿色,图中从上到下的 3 条线分别为不勾选"应用每笔尖"复选框,以及勾选"应用每笔尖"复选框且将"前景 / 背景抖动"数值分别设置为 20% 和 90% 的效果。

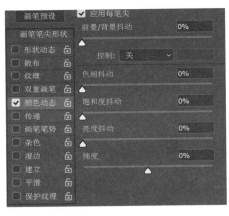

图 6.21

图 6.22

- 色相抖动:此选项用于控制画笔色相的随机效果。该数值越大,则画笔的色相在发生随机变化时,越接近于背景色的色相;该数值越小,则画笔的色相在发生随机变化时,越接近于前景色的色相。如图 6.23 所示,设置前景色为红色、背景色为绿色,图中从上到下的 3 条线为不勾选"应用每笔尖"复选框,以及勾选"应用每笔尖"复选框、将"前景 / 背景抖动"数值设置为 0% 且将"色相抖动"数值分别设置为 20% 和 90% 的效果。由图 6.23 可知,"色相抖动"数值越大,则背景色"绿色"的元素越多,否则前景色"红色"的元素越多。
- 饱和度抖动:此选项用于控制画笔饱和度的随机效果。该数值越大,则画笔的饱和度在发生随机变化时,越接近于背景色的饱和度;该数值越小,则画笔的饱和度在发生随机变化时,越接近于前景色的饱和度。此选项的功能与其他选项的设置有紧密相关性,当"前景 / 背景抖动"和"色相抖动"数值都被设置为 0%

时，无论"饱和度抖动"数值被设置成什么，画笔显示效果都会与前景色紧密相关。如图 6.24 所示，设置前景色为红色、背景色为绿色，图中两条线为勾选"应用每笔尖"复选框且将"饱和度抖动"值分别设置为 20% 和 90% 的效果。

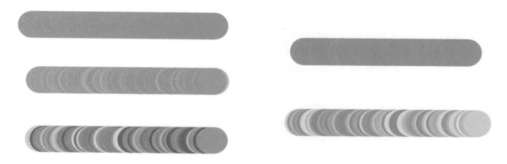

图 6.23　　　　　　　　　　　　　　　　图 6.24

- 亮度抖动：此选项用于控制画笔亮度的随机效果。该数值越大，则画笔的亮度在发生随机变化时，越接近于背景色的亮度；该数值越小，则画笔的亮度在发生随机变化时，越接近于前景色的亮度。如图 6.25 所示，设置前景色为红色、背景色为绿色，图中两条线为勾选"应用每笔尖"复选框且将"亮度抖动"值分别设置为 20% 和 90% 的效果。
- 纯度：在此文本框中输入数值或者拖动滑块，可以控制画笔的纯度。当设置此数值为 –100% 时，画笔呈现饱和度为 0 的效果；当设置此数值为 100% 时，画笔呈现完全饱和的效果。图 6.26 所示的上面和下面的线条为将纯度分别设置为 –100% 和 100% 的效果。其余参数都被设置为 0。

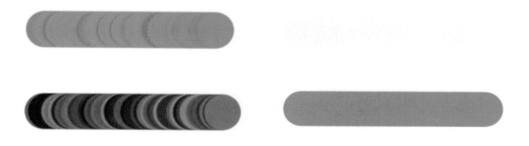

图 6.25　　　　　　　　　　　　　　　　图 6.26

5. "传递"选项设置

在"画笔"面板中勾选"传递"复选框，此时"画笔"面板的显示效果如图 6.27 所示。其中，"湿度抖动"与"混合抖动"选项主要是针对混合器画笔工具使用的。

- 不透明度抖动：在此文本框中输入数值或者拖动滑块，可以在应用画笔时控制画笔的不透明度变化情况。如图 6.28 所示，设置前景色为红色、背景色为绿色，图中两条线为将"不透明度抖动"数值分别设置为 15% 和 100% 时的效果。该数值越大，则透明与不透明效果的交替越明显，且颜色都偏向前景色。

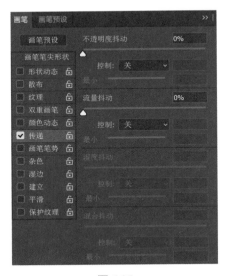

图 6.27

图 6.28

- 流量抖动：此选项用于控制画笔绘画速度的变化精况。
- 湿度抖动：在混合器画笔工具的工具选项栏上选择"潮湿"选项后，可以在此处控制其动态变化。
- 混合抖动：在混合器画笔工具的工具选项栏上选择"混合"选项后，可以在此处控制其动态变化。

6. "画笔笔势"选项设置

在勾选"画笔笔势"复选框后，当使用光笔或绘图笔进行绘画时，在此时的"画笔"面板中可以设置相关的笔势及笔触效果。

6.2.3 创建自定义画笔

如果需要实现更具个性化的画笔效果，则可以自定义画笔，其操作步骤如下。

（1）新建空白页面。

（2）如果要将图像中的部分内容定义为画笔，则需要使用选择类工具（如矩形选框工具[]、套索工具○、魔棒工具▵等）将要定义为画笔的区域选中；如果要将整个图像都定义为画笔，则无须进行任何选择操作。

（3）在菜单栏中选择"编辑"|"定义画笔预设"命令，在弹出的"画笔名称"对话框中输入画笔的名称，默认名称为"样本画笔 1"，单击"确定"按钮，退出对话框。

（4）在"画笔"面板中可以查看新定义的画笔，如图 6.29 的蓝色框所示。

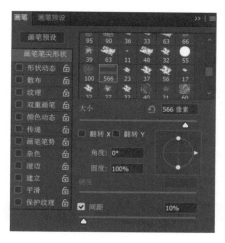

图 6.29

6.3　渐变工具

渐变工具  是在绘制与模拟图像时经常使用的，可以帮助我们绘制作品的基本背景色彩及明暗，模拟图像立体效果等。本节将对其进行详细的讲解。

6.3.1　创建渐变效果的基本方法

渐变工具的使用方法较为简单，操作步骤如下。

（1）选择渐变工具，在其工具选项栏的 5 种渐变方式中选择合适的渐变方式。

（2）在图像中右击，然后在弹出的如图 6.30 所示的渐变类型面板中选择合适的渐变效果。

图 6.30

（3）设置渐变工具的工具选项栏中的其他选项。

（4）使用渐变工具在图像中拖动，即可创建渐变效果。在拖动过程中，拖动的距离越长，则渐变过渡越柔和，否则渐变过渡越突兀。

6.3.2　创建实色渐变效果

虽然 Photoshop 自带的渐变方式足够丰富，但是在某些情况下，还是需要自定义新的渐变方式以配合图像的整体效果。创建实色渐变效果的步骤如下。

（1）在渐变工具![]的工具选项栏中选择任意一种渐变方式。

（2）如图 6.31 所示，单击图中红框处的"渐变拾色器"，可以弹出如图 6.32 所示的"渐变编辑器"对话框。

图 6.31

（3）选择"预设"区域中的任意一种渐变效果，并基于该渐变效果创建新的渐变效果，例如，本例选择的是"预设"区域中的"蓝、红、黄渐变"效果。

（4）在"渐变类型"下拉列表中选择"实底"选项，如图 6.33 所示。

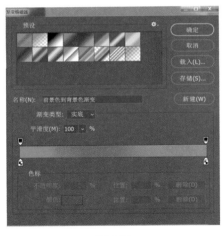

图 6.32

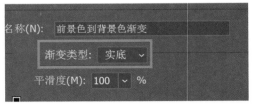

图 6.33

（5）单击渐变色条起点处的颜色色标以将其选中。

（6）单击对话框底部"颜色"选项右侧的下拉按钮，弹出下拉列表，其中各选项功能如下。

- 前景：选择此选项，可以使此色标所定义的颜色随前景色的变化而变化。
- 背景：选择此选项，可以使此色标所定义的颜色随背景色的变化而变化。
- 用户颜色：选择此选项，需要选择其他颜色来定义。

（7）创建一个黑、绿、白的三色渐变效果，如图 6.34 所示。如果需要在起点色标与终点色标中间添加色标以将该渐变效果定义为多种颜色渐变效果，则可以直接在渐变色条下面的空白处单击以添加多个色标，如图 6.35 所示。

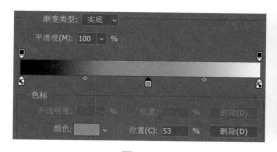
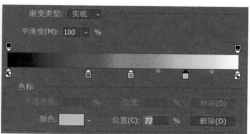

图 6.34　　　　　　　　　　　　　　图 6.35

（8）如果需要调整色标的位置，则可以按住鼠标左键将色标拖动到目标位置，或者在色标被选中的情况下，在"位置"文本框中输入数值，以精确定义色标的位置。

（9）如果需要调整渐变效果的急缓程度，则可以单击两个色标中间的菱形滑块并拖动。

（10）如果需要删除处于选中状态下的色标，则可以直接按 Delete 键，或者按住鼠标左键向下拖动，直到该色标消失为止。

（11）在完成渐变颜色设置后，在"名称"文本框中输入该渐变效果的名称。

（12）如果需要将渐变存储在"预设"区域中，则可以单击"新建"按钮。

（13）单击"确定"按钮，退出"渐变编辑器"对话框，新创建的渐变效果将自动处于被选中的状态。

如果需要制作图 6.36 所示的渐变文字"喳喳"，则首先在画板上使用横排文字工具输入"喳喳"两个字（可以选择大一些的字号）；然后选中文字图层并右击，在弹出的快捷菜单中选择"栅格化文字"命令；接下来选择渐变工具，使用之前图 6.35 所设置的渐变效果；最后，按住鼠标左键从文字的最左端拖动到文字的最右侧，即可形成图 6.36 的效果。

图 6.36

6.3.3　创建透明渐变效果

在 Photoshop 中，除了可以创建不透明的实色渐变效果，还可以创建透明渐变效果。

创建透明渐变效果的步骤如下。

（1）创建渐变效果，如图6.37所示。

（2）在渐变色条需要产生透明效果的位置处的上方单击，添加一个不透明度色标。

（3）在该不透明度色标处于被选中的状态下，在"不透明度"文本框中输入数值，或者使用下拉列表进行透明度的选择，如图6.38所示。将图6.37和图6.38的渐变色条中蓝色部分进行对比，可以发现出现了透明的情况。

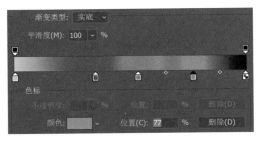
图 6.37

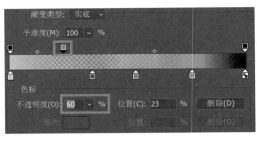
图 6.38

（4）如果需要在渐变色条的多处位置产生透明效果，则可以在渐变色条上方多次单击，以添加多个不透明度色标。

（5）如果需要控制由两个不透明度色标所定义的透明效果间的过渡效果，则可以拖动两个不透明度色标中间的菱形滑块。

图6.39所示为一个非常典型的具有多个不透明度色标的透明渐变效果的选项设置；图6.40所示为将上述透明渐变效果应用于白色背景的情况。

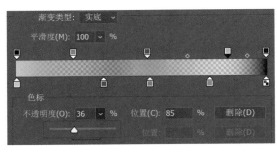
图 6.39

图 6.40

6.4　选区的描边绘画

对选区进行描边，可以得到沿选区勾边的效果。在存在选区的情况下，在菜单栏中选择"编辑"|"描边"命令，可以弹出如图6.41所示的"描边"对话框。

该对话框中的部分选项功能如下。

● 宽度：此选项用于设置描边线条的宽度。该数值越大，则线条越宽。

- 颜色：单击此选项后的色块，在弹出的"拾色器（描边颜色）"对话框中为描边线条选择合适的颜色。
- 位置：通过选中此区域中的 3 个单选按钮，可以设置描边线条相对于选区的位置，包括"内部""居中""居外"。
- 混合：此选项用于设置填充的"模式""不透明度"等属性。

图 6.42 所示为使用"磁性套索工具"进行人像的选择；图 6.43 所示为进行描边操作后形成的效果，其中，"宽度"数值为 5 像素，"模式"为"强光"。

图 6.41

图 6.42

图 6.43

6.5　选区的填充绘画

前面介绍了前景色、背景色的设置及其填充方法，当创建了选区时，将只对选区内的范围填充前景色或背景色。除此之外，也可以利用油漆桶工具 填充颜色或图案，或者在菜单栏中选择"编辑"|"填充"命令，并在弹出的"填充"对话框（见图 6.44）中进行设置。"填充"对话框中的部分选项功能如下。

- 内容：在此下拉列表中可以选择填充的类型，包括"前景色""背景色""颜色""内容识别""图案""历史记录""黑色""50% 灰色""白色"。当选择"图案"选项时，其下方的"自定图案"选项会被激活，然后单击"自定图案"右侧预览框的 按钮，即可在弹出的"图案拾色器"面板中选择填充的图案。

以图 6.45 为例，图 6.46 所示为有选区存在的图像；图 6.47 所示为选项设置界面，在"内容"下拉列表中选择"内容识别"选项，在"模式"下拉列表中选择"正常"选项；图 6.48 所示为填充图案后的效果，可以看到 Photoshop 自动将左侧的图像填充到了选区中；图 6.49 所示为将"模式"设置为"强光"的效果，可以看到两种模式的设置效果对比比较强烈。

图 6.44

图 6.45

图 6.46

图 6.47

图 6.48

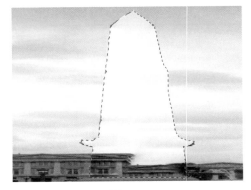

图 6.49

● 混合：可以设置填充的"模式""不透明度"等属性。

另外，如果在"内容"下拉列表中选择"内容识别"选项，则在填充选定的区域时，可以根据所选区域周围的图像进行修补，甚至可以在一定程度上"无中生有"，为用户的图像处理工作提供一个更智能、更有效率的解决方案。

填充视频

6.6　自定义规则图案

Photoshop 提供了大量的预设图案，可以使用户通过预设管理器将其载入并使用，但即使再多的图案，也无法满足设计师千变万化的需求，所以 Photoshop 提供了自定义图案的功能。

自定义图案的方法非常简单，用户可以首先打开要定义图案的图像，然后在菜单栏中选择"编辑"|"定义图案"命令，在弹出的对话框中输入名称，最后单击"确定"按钮。

若要限制定义图案的区域，则可以先使用矩形选框工具绘制选区，将要定义的范围选中，再执行上述操作。

6.7　变换对象

使用 Photoshop 的变换命令可以缩放图像、旋转图像、斜切图像或扭曲图像等。本节将对各个变换命令进行介绍。

6.7.1　缩放图像

缩放图像的步骤如下。

（1）选择要缩放的图像，在菜单栏中选择"编辑"|"变换"|"缩放"命令，或者按 Ctrl+T 组合键。

（2）将鼠标指针放置在变换控制框的控制手柄上，当鼠标指针改变形状时拖动鼠标，即可改变图像的大小。拖动左侧或右侧的控制手柄，可以在水平方向上改变图像的大小；拖动上侧或下侧的控制手柄，可以在垂直方向上改变图像的大小；拖动拐角处的控制手柄，可以同时在水平或垂直方向上改变图像的大小。

（3）在获得需要的效果后释放鼠标，并双击变换控制框以确认缩放操作。

6.7.2　旋转图像

旋转图像的步骤如下。

（1）打开素材图片，如图 6.50 所示。

（2）选择棕色盒子所在的图层，并按 Ctrl+T 组合键，即可弹出自由变换控制框（见图 6.50）。

（3）将要调整的图层进行栅格化图层操作（右击该图层，在弹出的快捷菜单中选择"栅格化图层"命令），然后将鼠标指针置于控制框外围，当鼠标指针变为一个弯曲

箭头 ↵ 时拖动鼠标，即可以中心点为基准旋转图像。也可以在工具选项栏中输入旋转角度，这里输入 90°，效果如图 6.51 所示。按 Enter 键即可确认变换操作。

图 6.50

图 6.51

（4）调整好纸盒位置后，选择纸盒所在图层，在"图层"面板中选择"正片叠底"选项，如图 6.52 所示，即可得到如图 6.53 所示的效果。

图 6.52

图 6.53

提示

　　如果需要按 15°的增量旋转图像，则可以在拖动鼠标的同时按住 Shift 键，在得到需要的效果后，双击变换控制框。如果需要将图像旋转 180°，则可以在菜单栏中选择"编辑"|"变换"|"旋转 180 度"命令。如果需要将图像顺时针旋转 90°，则可以在菜单栏中选择"编辑"|"变换"|"旋转 90 度（顺时针）"命令。如果需要将图像逆时针旋转 90°，则可以在菜单栏中选择"编辑"|"变换"|"旋转 90 度（逆时针）"命令。

6.7.3　斜切图像

　　斜切图像是指按平行四边形的方式移动图像的操作，如图 6.54 所示。斜切图像的步骤如下。

　　（1）打开素材图片，在菜单栏中选择"编辑"|"变换"|"斜切"命令，出现变换控制框。

（2）将鼠标指针拖动到变换控制框附近，当鼠标指针变为压箭头形状时拖动鼠标，即可使图像在鼠标指针移动的方向上发生斜切变形。

（3）在获得需要的效果后，在变换控制框外任意位置单击以确认斜切操作，即可得到最终效果，如图 6.55 所示。

图 6.54　　　　　　　　　　　　　图 6.55

6.7.4　扭曲图像

扭曲图像是应用非常频繁的一类变换操作。使用此类变换操作可以使图像根据任何一个控制手柄的变动而发生变形。扭曲图像的步骤如下。

（1）打开背景图片和需要调整的素材图片，背景图片如图 6.56 所示，需要调整的素材图片如图 6.57 所示。使用移动工具将素材图片中的图像拖动到背景图片中，如图 6.58 所示。

图 6.56　　　　　　　　　　　　　图 6.57

（2）在菜单栏中选择"编辑"|"变换"|"扭曲"命令，将鼠标指针拖动到变换控制框附近或控制手柄上，当鼠标指针变为箭头形状时拖动鼠标，即可使图像发生扭曲变形。

（3）在获得需要的效果后释放鼠标，并在变换控制框中双击以确认扭曲操作，然后在变换控制框外单击即可，如果在"图层"面板中选择"溶解"选项，则效果会更好，如图 6.59 所示。

图 6.58   图 6.59

6.7.5　透视图像

对图像进行透视变换，可以使图像获得透视效果。透视图像的步骤如下。

（1）打开素材图片，在菜单栏中选择"编辑"|"变换"|"透视"命令。

（2）将鼠标指针移动到控制手柄上，当鼠标指针变为箭头形状时拖动鼠标，即可使图像发生透视变形。

（3）在获得需要的效果后释放鼠标，双击变换控制框以确认透视操作。

透视变形视频

6.7.6　翻转图像

翻转图像包括水平翻转和垂直翻转两种方式。

（1）打开素材图片，如图 6.60 所示。

（2）在菜单栏中选择"编辑"|"变换"|"水平翻转"命令或"垂直翻转"命令，可以水平或垂直翻转图像。图 6.61 所示为执行"水平翻转"命令后的效果。

图 6.60   图 6.61

6.7.7　再次变换

如果已经进行过任意一种变换操作,则可以在菜单栏中选择"编辑"|"变换"|"再次"命令,以相同的参数值再次对当前图像进行变换操作。使用此命令可以确保前后两次变换操作的效果相同。如果上一次将图像旋转了 90°,则使用此命令可以对当前图像再次完成旋转 90° 的操作。

如果在使用此命令时按住 Alt 键,则可以对当前图像再次进行变换操作的同时对其进行复制。

6.7.8　变形图像

使用"变形"命令可以对图像进行更为灵活、细致的变换操作,如制作页面折角及翻转胶片等效果。在菜单栏中选择"编辑"|"变换"|"变形"命令,即可调出变换控制框,此时工具选项栏如图 6.62 所示,"变形"下拉列表中包含的选项如图 6.63 所示。

图 6.62

在调出变换控制框后,可以采用以下两种方法对图像进行变换操作。

图 6.63

- 直接在图像内部、锚点或控制手柄上拖动,直到将图像变换为所需的效果为止。
- 在工具选项栏的"变形"下拉列表中选择适当的形状。

上述工具选项栏中的部分选项功能如下。

- 变形:在其下拉列表中可以选择 15 种预设的变形类型。如果选择"自定"选项,则可以随意对图像进行变换操作。
- 提示:在选择了预设的变形类型后,就无法再随意对变换控制框进行编辑。
- "更改变形方向"按钮![按钮]:单击该按钮,可以改变图像变换的方向。
- 弯曲:在此文本框中输入正值或负值,可以调整图像的弯曲程度。
- H、V:在对应的文本框中输入数值,可以控制图像扭曲时在水平和垂直方向上的比例。

下面讲解如何使用此命令变形图像。

(1)打开素材图片,如图 6.64 所示,然后在菜单栏中选择"编辑"|"变换"|"变形"命令,图像上会出现分栏,如图 6.65 所示。

图 6.64

图 6.65

（2）选择不同的变形类型进行尝试，选择"扇形"选项，效果如图 6.66 所示；选择"上弧"选项，效果如图 6.67 所示；选择"下弧"选项，效果如图 6.68 所示；选择"拱形"选项，效果如图 6.69 所示；选择"凸起"选项，效果如图 6.70 所示；选择"贝壳"选项，效果如图 6.71 所示；选择"花冠"选项，效果如图 6.72 所示；选择"旗帜"选项，效果如图 6.73 所示；选择"波浪"选项，效果如图 6.74 所示；选择"鱼形"选项，效果如图 6.75 所示；选择"增加"选项，效果如图 6.76 所示；选择"鱼眼"选项，效果如图 6.77 所示；选择"膨胀"选项，效果如图 6.78 所示；选择"挤压"选项，效果如图 6.79 所示；选择"扭转"选项，效果如图 6.80 所示。

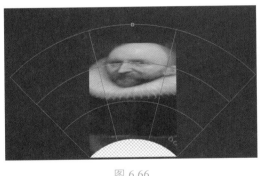

图 6.66

图 6.67

图 6.68

图 6.69

图 6.70

图 6.71

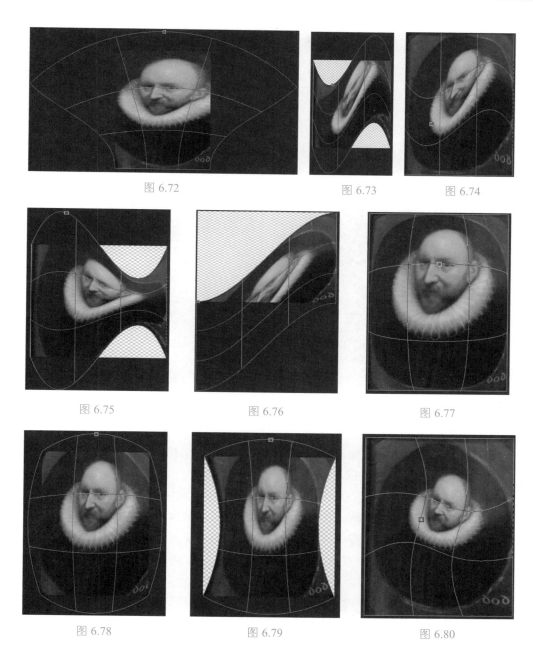

图 6.72　　　　　　　　　图 6.73　　　　　　　　　图 6.74

图 6.75　　　　　　　　　图 6.76　　　　　　　　　图 6.77

图 6.78　　　　　　　　　图 6.79　　　　　　　　　图 6.80

（3）直到获得需要的变形效果，即可双击当前图像进行确认并保存。

6.7.9　操控变形

"操控变形"命令以更细腻的网格、更自由的编辑方式提供了极为强大的图像变形处理功能。在选中要变形的图像后，在菜单栏中选择"编辑"|"操控变形"命令，即可调出其调整网格，

操控变形操作视频

此时的工具选项栏如图 6.81 所示。

图 6.81

该工具选项栏中的部分选项功能如下。

- 模式：在此下拉列表中选择不同的选项，图像的变形程度各不相同。图 6.82 所示为分别选择不同选项，将人物裙子拖动到相同位置时的不同变形效果。

图 6.82

- 浓度：在此下拉列表中可以选择网格的密度。越密的网格占用的系统资源就越多，但变形也越精确，在实际操作时应注意根据实际情况进行选择。
- 扩展：在此文本框中输入数值，可以设置变形风格相对于当前图像边缘的距离，该数值可以为负值，即可以向内缩减图像内容。
- 显示网格：勾选此复选框后，将在图像内部显示网格，否则不显示网格。
- "将图钉前移"按钮 ：单击此按钮，可以将当前选中的图钉向前移一个层次。
- "将图钉后移"按钮 ：单击此按钮，可以将当前选中的图钉向后移一个层次。
- 旋转：在此下拉列表中选择"自动"选项，可以手动拖动图钉以调整其位置，如果在后面的文本框中输入数值，则可以精确地定义图钉的位置。
- "移去所有图钉"按钮 ：单击此按钮，可以清除当前添加的所有图钉，同时会复位当前所做的所有变形操作。

在调出调整网格后，鼠标指针将变为 状态，此时在调整网格内部单击即可添加图钉，用于编辑和控制图像的变形。以图 6.83 所示的图像为例，在选中人物所在的图层后，在菜单栏中选择"编辑"|"操控变形"命令，即可调出调整网格。图 6.84 所示为添加并编辑图钉后的变形效果。

提示

在进行操控变形时，可以将当前图像所在的图层转换为智能对象图层，这样就可以将所做的操控变形记录下来，以供下次继续进行编辑。

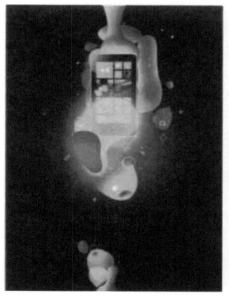

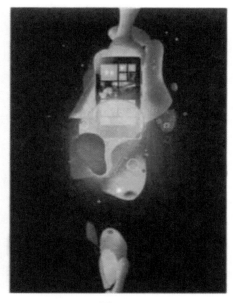

图 6.83

图 6.84

6.8 本章习题

一、选择题

1. 下列选项中不属于画笔工具 的工具选项栏的是（　　　）。

　　A. 不透明度　　　　　　　　　　B. 模式

　　C. 流量　　　　　　　　　　　　D. 填充不透明度

2. 在使用画笔工具 进行绘图的情况下，可以通过（　　　）组合键快速控制画笔笔尖的大小。

　　A. "<" 和 ">"　　　　　　　　　B. "-" 和 "+"

　　C. "[" 和 "]"　　　　　　　　　D. "Page Up" 和 "Page Down"

3. 在 Photoshop 中，当选择渐变工具时，其工具选项栏提供了 5 种渐变方式。在下面 4 种渐变方式中，（　　　）不属于渐变工具的工具选项栏所提供的渐变方式。

　　A. 线性渐变　　　　　　　　　　B. 角度渐变

　　C. 径向渐变　　　　　　　　　　D. 模糊渐变

4. 下列 "填充" 选项中可以对图像进行智能修复处理的是（　　　）。

　　A. 历史记录　　　　　　　　　　B. 前景色

　　C. 背景色　　　　　　　　　　　D. 内容识别

5. 下列关于"编辑"|"填充"命令的说法中，错误的是（   ）。

    A. 可以填充纯色

    B. 可以填充渐变

    C. 可以填充图案

    D. 可以通过选择"内容识别"选项，对图像进行智能修复处理

6. 使用"画笔"面板可以完成的操作有（   ）。

    A. 选择、删除画笔   B. 设置画笔的大小、硬度

    C. 设置画笔的动态参数   D. 创建新画笔

7. 在"描边"对话框中，可以设置的选项有（   ）。

    A. 颜色   B. 粗细   C. 线条样式   D. 混合模式

8. 下列操作中可以用于对图像进行透视变换操作的有（   ）。

    A. 选择"编辑"|"变换"|"自由变换"命令

    B. 选择"编辑"|"变换"|"透视"命令

    C. 选择"编辑"|"变换"|"斜切"命令

    D. 选择"编辑"|"变换"|"旋转"命令

二、上机操作题

1. 打开素材图片，如图 6.85 所示，结合"画笔"面板，将画笔的"大小"数值设置为 18 像素，"硬度"数值设置为 0%，并在"模式"下拉列表中选择"亮光"选项，绘制如图 6.86 所示的新的线条和边缘。

图 6.85   图 6.86

2. 打开素材图片，如图 6.87 所示，将其定义为图案。

图 6.87

3. 打开素材图片，如图 6.88 所示。在菜单栏中选择"图像"|"调整"|"替换颜色"命令，用吸管工具选取引擎区域，然后将色相、饱和度和明度调整为最亮，如图 6.89 所示，最终效果如图 6.90 所示。

图 6.88

图 6.89

图 6.90

第7章

路径与形状功能详解

7.1 初识路径

　　路径是基于贝塞尔曲线建立的矢量图形。所有使用矢量绘图软件或矢量绘图工具制作的线条在原则上都可以被称为路径。一条完整的路径由锚点、控制手柄、路径线段构成。路径可能表现为一个点、一条直线或一条曲线，除点以外的其他路径均由锚点、锚点间的线段构成。如果锚点间的线段的曲率不为零，则锚点的两侧具有控制手柄。锚点与锚点之间的位置关系决定了这两个锚点之间路径线段的位置；锚点两侧的控制手柄用于控制该锚点两侧路径线段的曲率。

　　在 Photoshop 中，经常使用以下几类路径。

　　（1）开放型路径：起始点与结束点不重合。

　　（2）闭合型路径：起始点与结束点重合，从而形成封闭线段。

　　（3）直线型路径：两侧没有控制手柄，锚点两侧路径线段的曲率为零，表现为通过锚点的直线段。

　　（4）曲线型路径：锚点两侧路径线段的曲率不为零，两侧最少有一个控制手柄。

7.2 使用钢笔工具绘制路径

7.2.1 钢笔工具

　　要绘制路径，可以使用钢笔工具 ✐ 和自由钢笔工具 ✐ 。在选择两种工具中的任意一种后，都需要在如图 7.1 所示的工具选项栏中选择绘图方式，其中有两种方式可供选择。

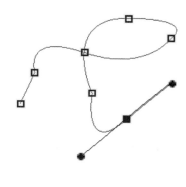

图 7.1

- 形状：选择此选项，可以绘制形状。
- 路径：选择此选项，可以绘制路径。

　　选择钢笔工具 ⌀.，在其工具选项栏中单击"设置"按钮 ⚙，可以在弹出的下拉列表中选择"橡皮带"选项。在选择"橡皮带"选项后，当绘制路径时可以根据锚点与钢笔光标之间的线段判断下一段路径线段的走向，如图 7.2 所示，这样绘制路径会让用户更加有把握。

图 7.2

7.2.2　掌握绘制路径的方法

1. 绘制开放型路径

　　如果需要绘制开放型路径，则可以在获得需要的开放型路径后，按 Esc 键放弃对当前路径的选定；也可以随意向下绘制一个锚点，然后按 Delete 键删除该锚点，与前一种方法不同的是，使用此方法得到的路径将保持被选定的状态。

2. 绘制闭合型路径

　　如果需要绘制闭合型路径，则必须使路径的最后一个锚点与第一个锚点重合，即在绘制到路径结束点时，将鼠标指针放置在路径起始点处，此时在钢笔光标的右下角将显示一个小圈，单击该处即可使路径闭合。

3. 绘制直线型路径

　　最简单的路径是直线型路径，构成此类路径的锚点都没有控制手柄。在绘制此类路径时，首先将鼠标指针放置在要绘制路径的起始点处并单击以定义第一个锚点的位置，然后在路径结束点处再次单击以定义第二个锚点的位置，此时两个锚点之间将创建一条直线型路径。

4. 绘制曲线型路径

如果某个锚点具有两个位于同一条直线上的控制手柄，则该锚点被称为曲线型锚点。相应地，包含曲线型锚点的路径被称为曲线型路径。绘制曲线型路径的步骤如下。

（1）将钢笔光标放置在要绘制路径的起始点处并单击以定义第一个锚点（起始锚点）的位置，此时钢笔光标变成箭头形状。

（2）当再次单击以定义第二个锚点时，按住鼠标左键并向某方向拖动鼠标指针，此时在锚点的两侧会出现控制手柄，拖动控制手柄直到路径线段出现合适的曲率为止，按照此方法不断地进行绘制，即可绘制出一段段相互连接的曲线，形成曲线型路径。

在拖动鼠标指针时，控制手柄的拖动方向及长度决定了曲线段的方向及曲率。如果觉得不好操作，则可以选择自由钢笔工具，手动绘制曲线而不受控制手柄角度的限制。自由钢笔工具的工具选项栏如图 7.3 所示。图 7.4 所示为使用自由钢笔工具绘制的图形，在绘制完成后，会自动出现黑色的锚点以供我们对图形进行修改。

图 7.3

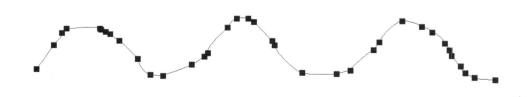

图 7.4

添加锚点工具 📝 可以用来在已经绘制好的线条上添加锚点，然后通过控制手柄的方式改变曲率和线条形状。

删除锚点工具 📝 则可以用来将线条上的锚点删除。锚点越少，则线条越直。

5. 绘制拐角型路径

拐角型锚点具有两个控制手柄，但两个控制手柄不在同一条直线上。然而在通常情况下，如果某个锚点具有两个控制手柄，则两个控制手柄在一条水平直线上并且会相互影响，即当拖动其中一个控制手柄时，另一个控制手柄将向相反的方向移动，此时无法绘制出包含拐角型锚点的拐角型路径。

绘制拐角型路径的步骤如下。

（1）按照绘制曲线型路径的方法定义第二个锚点。

（2）在未释放鼠标左键前按住 Alt 键，此时仅可以移动一个控制手柄且不会影响另一个控制手柄。

（3）先释放鼠标左键，再释放 Alt 键，然后绘制第三个锚点，并在完成后保存。

6. 在曲线段后绘制直线段

当用户通过拖动鼠标创建了一个具有双向手柄的锚点时，因为双向手柄存在相互制约的关系，所以按照通常的方法绘制下一段路径线段时将无法得到直线段。

在曲线段后绘制直线段的步骤如下。

（1）按照绘制曲线型路径的一般方法定义第二个锚点，使该锚点的两侧位置出现控制手柄。

（2）按住 Alt 键单击锚点中心，取消一侧的控制手柄。

（3）继续绘制直线型路径直到满足需求为止，然后保存工作内容。

7. 连接路径

在绘制路径的过程中，经常会遇到连接两条非封闭路径的情况。连接两条开放型路径的步骤如下。

（1）选择钢笔工具 ∅.，然后单击开放型路径的最后一个锚点。如果单击的位置正确，则钢笔光标将变为 ♦₀ 形状。

（2）单击该锚点，使钢笔工具 ∅.与锚点连接，单击另一处断开位置，此时钢笔光标变为 ♦₀ 形状，在此位置单击即可连接两条开放型路径，形成一条闭合型路径。

8. 切断连续的路径

如果需要将一条闭合型路径转换为一条开放型路径，或者需要将一条开放型路径转换为两条开放型路径，则必须切断连续的路径。要切断路径，可以先使用直接选择工具 ▶.选择要断开位置处的路径线段，再按 Delete 键。

7.3　使用形状工具绘制路径

使用 Photoshop 中的形状工具可以非常方便地创建各种几何形状或路径。在工具箱中的形状工具组上右击，将弹出隐藏的形状工具。使用这些工具可以绘制各种标准的几何图形。用户可以在图像处理或设计的过程中，根据实际需要选用这些工具。

7.3.1　精确创建图形

在使用矩形工具 ▣、椭圆工具 ◯.、自定形状工具 ✿.等图形绘制工具时，可以在画布中单击，此时会弹出一个相应的对话框，在其中设置相应的参数并选择相应的选项，然后单击"确定"按钮，即可精确创建图形。

7.3.2　调整形状属性

在 Photoshop 中，使用路径选择工具 ▸.选中要改变大小的路径后，在其工具选项栏或"属性"面板中输入 W 和 H 数值，即可改变路径的大小。若选中 W 与 H 之间的"链接形状的宽度和高度"按钮 ➣，则可以等比例地调整当前选中路径的大小。路径选择工具 ▸.的工具选项栏如图 7.5 所示。"属性"面板如图 7.6 所示。

图 7.5

图 7.6

此外，在"属性"面板中还可以设置更多属性。例如，对于使用矩形工具绘制的路径，可以在"属性"面板中设置其圆角属性。若绘制的是形状图层，则可以设置填充色、描边色及各种描边属性。

7.3.3　创建自定义形状

如果在工作时经常需要使用某一种路径，则可以将此路径保存为形状，以便在以后的工作中直接使用此自定义形状来绘制所需要的路径，从而提高工作效率。创建自定义形状的步骤如下。

（1）选择钢笔工具 ⌀.，绘制所需要的形状的轮廓路径。

（2）选择路径选择工具 ▸.，将路径全部选中。

（3）在菜单栏中选择"编辑"|"定义自定形状"命令，在弹出的"形状名称"对话框中输入新形状的名称，然后单击"确定"按钮进行确认。

（4）选择自定形状工具 ✿.，在"自定形状拾色器"面板中选择自定义的形状。

7.4　形状图层

7.4.1　创建形状图层

通过在图像上方创建形状图层，用户可以在图像上方创建填充了前景色的几何形状图层。此类图层具有非常灵活的矢量特性。

创建形状图层的步骤如下。

（1）在工具箱中选择任意一种形状工具。

（2）在工具选项栏中选择"形状"选项。

（3）设置"前景色"为希望得到的填充色。

（4）使用形状工具在图像中绘制形状。

按照以上步骤操作，即可得到一个新的形状图层，以图 7.7 为例，在该图片上方增加形状，如图 7.8 所示，最后形成如图 7.9 所示的效果。

图 7.7　　　　　　　　　　图 7.8　　　　　　　　　　图 7.9

7.4.2　将形状图层复制为 SVG 格式

SVG 是一种矢量图形格式，由于它广泛被网页、交互设计所支持，且它是一种基于 XML 的语言，这意味着它继承了 XML 的跨平台性和可扩展性，从而在图形可重用性上迈出了一大步。

Photoshop CC 2017 支持快捷地将形状图层复制为 SVG 格式，以便在其他支持程序中进行设计和编辑，用户可以在选中一个形状图层后，在其图层名称上右击，在弹出的快捷菜单中选择"复制 SVG"命令。

7.4.3　栅格化形状图层

由于形状图层具有矢量特性，因此在此图层中无法进行像素级别的编辑。例如，无法使用画笔工具 ✎ 绘制线条，无法使用"滤镜"菜单中的命令等。这就限制了用户对其进行进一步处理。

要去除形状图层的矢量特性以使其像素化，可以在菜单栏中选择"图层"|"栅格化"|"形状"命令。

> **提示**
>
> 　　由于形状图层具有矢量特性，因此不用担心会因为缩放等操作而降低图像质量。在操作过程中，尽量不要执行栅格化形状图层的操作，如果一定要执行，则最好复制一个形状图层留作备份。

7.5　编辑路径

7.5.1　调整路径线段与锚点的位置

如果要调整路径线段，则选择直接选择工具 ▸.，然后单击需要移动的路径线段并进行拖动。如果要删除路径线段，则使用直接选择工具 ▸.选择要删除的路径线段，然后按 Backspace 键或 Delete 键即可。

如果要移动锚点，则同样选择直接选择工具 ▸.，然后单击并拖动需要移动的锚点。

7.5.2　添加、删除锚点

使用添加锚点工具 和删除锚点工具 可以从路径中添加或删除锚点。

（1）如果要添加锚点，则选择添加锚点工具 ，将鼠标指针放置在要添加锚点的路径上并单击即可，如图 7.10 所示。

（2）如果要删除锚点，则选择删除锚点工具 ，将鼠标指针放置在要删除的锚点上并单击即可，如图 7.11 所示。

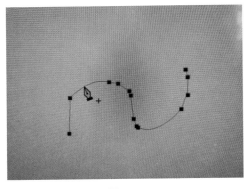

图 7.10

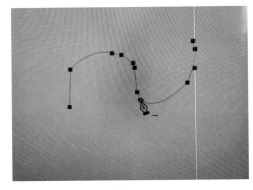

图 7.11

7.5.3　转换点工具

直角型锚点、光滑型锚点与拐角型锚点是路径中的三大类锚点，在工作中往往需要在这 3 类锚点之间进行切换。

（1）要将直角型锚点更改为光滑型锚点，可以选择转换点工具 ，将鼠标指针放置在需要更改的锚点上，然后拖动此锚点（拖动时两侧的控制手柄都会动）。

（2）要将光滑型锚点更改为直角型锚点，可以使用转换点工具 单击此锚点。

（3）要将光滑型锚点更改为拐角型锚点，可以使用转换点工具 拖动锚点两侧的控制手柄（只对操作的控制手柄有变化）。

图 7.12 所示为原路径状态；图 7.13 所示为通过转换点工具 对路径进行更改的情况。

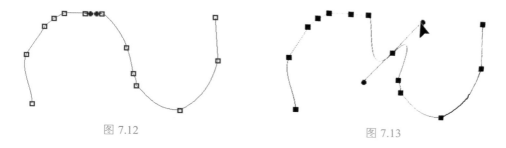

图 7.12　　　　　　　　　　　　　　　　　图 7.13

7.6　选择路径

7.6.1　路径选择工具

通过前几章的介绍可以发现，在路径上布满了小正方形，使用路径选择工具 可以选择并改变路径的样式。

另外，在路径选择工具 的工具选项栏上，可以在"选择"下拉列表中选择"现用图层"和"所有图层"两个选项，其功能如下。

- 现用图层：当选择此选项时，将只选择当前选中的一个或多个形状图层或路径图层中的路径。

- 所有图层：当选择此选项时，无论当前选择的是哪个图层，都可以通过在图像中单击的方式来选择任意形状图层中的路径。

提示

若选中的形状图层被锁定，则此时将无法使用路径选择工具 选中其中的路径，但此时仍然可以在"路径"面板中选中其中的路径，只是无法执行除删除以外的编辑操作。

7.6.2 直接选择工具

使用直接选择工具 ▶. 可以选择路径的一个或多个锚点，如果单击并拖动锚点，则可以改变其位置。使用此工具既可以选择一个锚点，也可以通过框选来选择多个锚点。当锚点处于被选中的状态时，会显示为黑色小正方形，而未被选中的锚点则显示为空心小正方形。

7.7 使用"路径"面板管理路径

如果要管理使用各种方法所绘制的路径，则必须掌握"路径"面板的使用方法。使用此面板可以完成复制、删除、新建路径等操作。在新建的白幕上，使用自由钢笔工具随机绘制一种图形，如图 7.14 所示，然后在菜单栏中选择"窗口"｜"路径"命令或者在面板上选择"路径"选项，即可显示出如图 7.15 所示的"路径"面板。

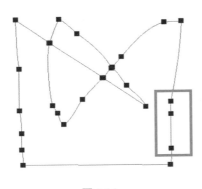

图 7.14

图 7.15

"路径"面板中各按钮功能如下。

- "用前景色填充路径"按钮 ●：单击该按钮，可以对当前选中的路径填充前景色。
- "用画笔描边路径"按钮 ○：单击该按钮，可以对当前选中的路径进行描边操作。
- "将路径作为选区载入"按钮 ▦：单击该按钮，可以将当前路径转换为选区。
- "从选区生成工作路径"按钮 ◈：单击该按钮，可以将当前选区转换为工作路径。
- "创建新路径"按钮 ⊐：单击该按钮，可以新建路径。
- "删除当前路径"按钮 🗑：单击该按钮，可以删除当前选中的路径。

7.7.1 选择或取消路径

如果要选择路径，则在"路径"面板中单击该路径的名称即可。

在通常情况下，绘制的路径以黑色线条显示于当前图像中，这种显示状态将影响用户所进行的其他大多数操作。

单击"路径"面板上的灰色区域，可以取消显示所有路径，即隐藏路径线段。也可以在使用直接选择工具或路径选择工具的情况下，按 Esc 键或 Enter 键隐藏当前显示的路径。

7.7.2　创建新路径

在"路径"面板中单击"创建新路径"按钮▣，可以创建一条用于保存路径组件的空路径，其名称默认为"路径 1"。此时再绘制的路径组件都会被保存在"路径 1"中，直到取消选中"路径 1"为止。

> **提示**
>
> 　　为了区分在"路径"面板中单击"创建新路径"按钮所创建的路径与使用钢笔工具 ◎ 所绘制的路径，这里将在"路径"面板中单击"创建新路径"按钮所创建的路径称为"路径"，而将使用钢笔工具 ◎ 等工具所绘制的路径称为"路径组件"。"路径"面板中的一条路径能够保存多个路径组件。在此面板中单击选中某条路径时，将同时选中此路径所包含的多个路径组件，通过单击也可以仅选择某个路径组件。

7.7.3　保存"工作路径"

在绘制新路径时，Photoshop 会自动创建一条"工作路径"，而该路径必须被保存后才可以永久存在。要保存工作路径，可以双击该路径的名称，在弹出的对话框中单击"确定"按钮。

7.7.4　复制路径

要复制路径，可以将"路径"面板中要复制的路径拖动到"创建新路径"按钮▣上，这与复制图层的方法是相同的。如果要将路径复制到另一个图像文件中，则选中路径并在另一个图像文件可见的情况下，直接将路径拖动到另一个图像文件中即可。

如果要在同一图像文件中复制路径组件，则可以使用路径选择工具▶ 选中路径组件，然后按住 Alt 键拖动被选中的路径组件。用户还可以像复制图层一样，按住 Alt 键在"路径"面板中拖动路径，以实现复制路径的操作。

7.7.5　删除路径

对于不需要的路径，可以将其删除。使用路径选择工具▶ 选择要删除的路径，然后按 Delete 键即可。

如果需要删除某路径中包含的所有路径组件，则可以将该路径拖动到"删除当前路径"按钮 上；也可以在该路径被选中的状态下，单击"路径"面板中的"删除当前路径"按钮 ，在弹出的对话框中单击"是"按钮。

7.8 路径运算

路径运算是非常优秀的功能。通过路径运算，用户可以利用简单的路径形状得到非常复杂的路径效果。

如果要应用路径运算功能，则可以在绘制路径的工具被选中的情况下，在工具选项栏中单击路径操作图标，如图 7.16 所示，即可弹出如图 7.17 所示的下拉列表。

该下拉列表中的部分选项功能如下。

- 合并形状：使两条路径发生加运算，将两个形状合并为一个形状。如图 7.18 所示，在不同的图层中有两个不同形状。图 7.19 所示为"图层"面板的显示情况。按住 Ctrl 键将两个形状所在图层全部选中并右击，在弹出的快捷菜单中选择"合并形状"选项，最终效果如图 7.20 所示。

图 7.16

图 7.17

图 7.18

形状 1　　　　形状 2

图 7.19

图 7.20

- 减去顶层形状：使两条路径发生减运算，将新的图形和原有图形重叠后，减去重叠部分。首先将前景色调整为红色，在白色背景中绘制矩形，如图 7.21 所示，然后选择圆形与原有矩形进行相交操作，在工具选项栏中选择"减去顶层形状"选项，就会减去重叠部分，效果如图 7.22 所示。

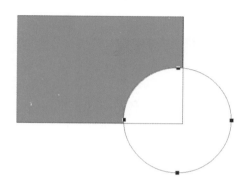

图 7.21　　　　　　　　　　　　　　　　　图 7.22

- 与形状区域相交：使两条路径发生交集运算，并且新路径与现有路径的交叉区域会被定义为生成的新区域。以图 7.22 所示的图形为例，此时在工具选项栏中选择"与形状区域相交"选项，即可形成如图 7.23 所示的形状。
- 排除重叠形状：使两条路径发生排除运算，并且新路径和现有路径的非重叠区域会被定义为生成的新区域。以图 7.22 所示的图形为例，此时在工具选项栏中选择"排除重叠形状"选项，即可形成如图 7.24 所示的形状。

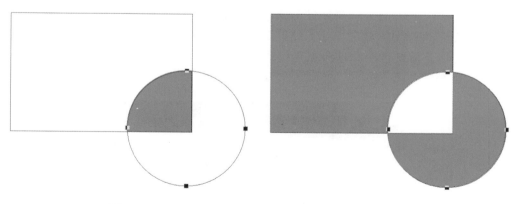

图 7.23　　　　　　　　　　　　　　　　　图 7.24

- 合并形状组件：使实时形状转换为常规路径。在"属性"面板中可以调整浓度和羽化的数值，图 7.25 和图 7.26 所示为"浓度"数值为 100% 且"羽化"数值分别为 90 像素和 10.0 像素的效果。

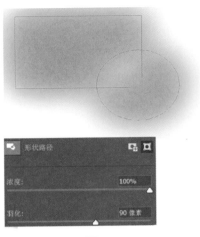
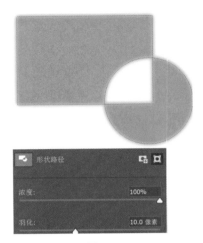

图 7.25   图 7.26

需要注意的是，如前文所述，路径之间是有上、下层关系的，虽然此关系不像图层那样可以被明显地看到，但实实在在地存在于路径的层次关系中，即最先绘制的路径位于最下方，这对路径运算有着极大的影响。从实用角度来说，与其研究路径之间的层次关系，不如直接使用形状图层来完成复杂的运算操作。

7.9   为路径设置填充与描边

7.9.1   填充路径

以图 7.27 为例，首先使用路径选择工具选择需要填充的图形，此处选择棕榈树，其路径如图 7.28 所示。然后单击"路径"面板底部的"用前景色填充路径"按钮，即可为路径填充前景色，本例前景色为浅绿色，最后形成如图 7.29 所示的效果，其路径如图 7.30 所示。

图 7.27   图 7.28

图 7.29　　　　　　　　　　　　　　图 7.30

7.9.2　描边路径

对路径进行描边操作，可以得到白描或其他特殊效果的图像。

对路径进行描边操作的步骤如下。

（1）在"路径"面板中选择需要进行描边操作的路径。

（2）在工具箱中设置描边所需的前景色。

（3）在工具箱中选择用来描边的工具。

（4）在工具选项栏中设置用来描边的工具选项，并选择合适的笔刷。

描边视频

（5）在"路径"面板中单击"用画笔描边路径"按钮。

如果当前路径图层中包含的路径不止一条，则需要选择要描边的路径。

Photoshop CC 2017 需要在按住 Alt 键的同时单击"用画笔描边路径"按钮，才能弹出"描边路径"对话框，如图 7.31 所示，在其中的"工具"下拉列表中可以选择相应的工具，工具的大小和透明度则可以通过工具的属性事先进行设定。在本例中，首先在"路径"面板中新建路径；然后使用钢笔等工具进行描边操作，这样就有了路径；接下来将使用画笔工具进行描边，设置画笔工具的大小为 42 像素、形状为圆形，设置描边的颜色为前景色，本例为红色；按住 Alt 键的同时单击"用画笔描边路径"按钮，打开"描边路径"对话框，选择画笔，并单击"确定"按钮；最后单击"用画笔描边路径"按钮，得到所需的描边图形。图 7.32 所示为针对上例中的棕榈树的路径进行描边操作并使用画笔进行描边后的效果。

图 7.31　　　　　　　　　　　　　　　　图 7.32

7.10　本章习题

一、选择题

1. 下列关于路径的描述中错误的是（　　　）。

  A. 可以使用画笔工具 ∕.、铅笔工具 ∅.、仿制图章工具 ♣. 等对路径进行描边

  B. 当对路径填充颜色时，不可以创建镂空的路径效果

  C. 可以为路径填充纯色或图案

  D. 按 Ctrl+Enter 组合键可以将路径转换为选区

2. 在使用钢笔工具 ∅. 时，按（　　　）键（或组合键）可以临时切换到直接选择工具 ▸.。

  A. Alt　　　　　　　　C. Shift+Ctrl　　　　　B. Ctrl　　　　　　　　D. Alt+Ctrl

3. 当单击"路径"面板下方的"用画笔描边路径"按钮 ○ 时,若想弹出"描边路径"对话框，应当按住（　　　）键（或组合键）。

  A. Alt　　　　　　　B. Ctrl　　　　　　　C. Shift+Ctrl　　　　　D. Alt+Ctrl

4. 在按住（　　　）键（或组合键）的同时单击"路径"面板中的"填充路径"按钮 ● ，会出现"填充路径"对话框。

  A. Shift　　　　　　B. Alt　　　　　　　C. Ctrl　　　　　　　　D. Shift+Ctrl

5. 使用钢笔工具 ∅. 创建直线段的方法是（　　　）。

  A. 使用钢笔工具 ∅. 直接单击

  B. 使用钢笔工具 ∅. 单击并按住鼠标左键拖动

  C. 使用钢笔工具 ∅. 单击并按住鼠标左键拖动，使之出现两个控制手柄，然后按住 Alt 键单击

D. 按住 Ctrl 键的同时使用钢笔工具 ⊘ 单击

6. 若想将曲线型锚点转换为直线型锚点，则应采用的操作是（　　　）。

　　A. 使用路径选择工具 ▶ 单击曲线型锚点

　　B. 使用钢笔工具 ⊘ 单击曲线型锚点

　　C. 使用转换点工具 ⊾ 单击曲线型锚点

　　D. 使用铅笔工具 ✎ 单击曲线型锚点

7. 下列关于路径的描述中正确的是（　　　）。

　　A. 可以使用画笔工具 ✎ 对路径进行描边操作

　　B. 当对路径填充颜色时，不可以创建镂空的路径效果

　　C. 可以修改"路径"面板中路径的名称

　　D. 可以随时将路径转化为选区

8. 关于工作路径，以下说法正确的是（　　　）。

　　A. 双击当前工作路径，在弹出的对话框中输入名称即可存储路径

　　B. 工作路径是临时路径，当隐藏路径后重新绘制路径时，工作路径将被新的路
　　　径覆盖

　　C. 在绘制工作路径后，将在关闭文档时将其自动保存为路径

　　D. 在绘制路径后，在"路径"面板的面板下拉菜单中选择"存储路径"命令，
　　　可以保存路径

9. 下列选项中属于路径运算模式的是（　　　）。

　　A. 合并形状　　　　　　　　　　B. 减去顶层形状

　　C. 排除重叠形状　　　　　　　　D. 与形状区域相交

二、上机操作题

使用形状工具及画笔描边路径功能，制作如图 7.33 和图 7.34 所示的效果。

图 7.33

图 7.34

第8章

图层的合成处理功能

8.1 设置不透明度属性

通过设置图层的"不透明度"数值，用户可以改变图层的透明度，从而改变图像的整体效果。当图层的"不透明度"数值为 100% 时，当前图层会完全遮盖下方图层的内容；当图层的"不透明度"数值小于 100% 时，当前图层可以隐约显示下方图层中的图像。

图 8.1 所示为设置红色 R 形图像所在图层的"不透明度"数值为 100% 和 30% 时的效果对比。

图 8.1

> **提示**
>
> 在"图层"面板中，还存在一个"填充"选项，即"填充不透明度"，它与图层样式的联系较为紧密。

8.2　设置图层混合模式

图层混合模式是与图层蒙版同等重要的核心功能。Photoshop CC 2017 提供了多达 27 种图层混合模式，下面就对各个混合模式及相关操作进行讲解。

在 Photoshop CC 2017 中，混合模式非常重要，几乎每一种绘画与修饰工具都有混合模式选项，并且在"图层"面板中，混合模式占据着重要的位置。正确、灵活地运用混合模式，往往能够创造出丰富的图像效果。

由于工具箱中的绘图类工具（如画笔工具 🖊、铅笔工具 🖉、仿制图章工具 🔏 等）和修饰类工具（如加深工具 ✎、减淡工具 🔍 等）所具有的混合模式选项与图层混合模式选项完全相同，且混合模式在图层中的应用非常广泛，因此下面重点介绍混合模式在图层中的应用，其中包含 27 种不同效果的混合模式。

8.2.1　正常类混合模式

1. 正常

如果选择此混合模式，则上、下方图层间的混合与叠加关系会由上方图层的"不透明度"及"填充"数值来决定。如果设置上方图层的"不透明度"数值为 100%，则上方图层会完全覆盖下方图层，并且随着"不透明度"数值的降低，下方图层的显示效果会越来越清晰。

2. 溶解

此混合模式用于在图层中的图像出现透明像素的情况下，根据图像中透明像素的数量显示颗粒化效果。

8.2.2　变暗类混合模式

1. 变暗

选择此混合模式，Photoshop 将对上、下方图层的图像像素进行比较，使上方图层中的较暗像素代替下方图层中与之相对应的较亮像素，且下方图层中的较暗像素代替上方图层中与之相对应的较亮像素，因此叠加后的整体图像变暗。以图 8.2 所示的两张图片为例进行介绍。

首先将鸟所在图片后面的背景设置为淡色或白色，本例设置为白色，然后使用移动工具将鸟所在图片移动到背景图片上。图 8.3 所示为设置图层混合模式为"正常"时的图像叠加效果；图 8.4 所示为将上方图层的混合模式修改为"变暗"后得到的效果。

图 8.2

图 8.3　　　　　　　　　　　　　　　　　　　　图 8.4

可以看出，上方图层中的鸟被全部显示出来，而鸟所在图片的背景中的白色区域则被下方图层中的天空背景所代替。

2. 正片叠底

选择此混合模式，Photoshop 将上、下方图层中的"颜色"数值相乘并除以 255，最终得到的颜色比上、下方图层中的颜色都要暗一些。在此混合模式中，使用黑色描绘能得到更多的黑色，而使用白色描绘则无效。

仍然以图 8.3 为例，应用"正片叠底"混合模式，形成如图 8.5 所示的效果。总体而言，鸟的颜色偏暗。

3. 颜色加深

使用此混合模式可以加深图像的颜色，创建非常暗的阴影效果，或者降低图像局部的亮度。以图 8.6 为例，将两张图片进行结合后应用"颜色加深"混合模式，效果如图 8.7 所示。

图 8.5

图 8.6

图 8.7

4. 线性加深

查看每一个颜色通道的颜色信息，加深所有通道的基色，并通过提高其他颜色的亮度来反映混合颜色。此混合模式对于白色无效。以图 8.6 为例，应用"线性加深"混合模式后的效果如图 8.8 所示。合成后的卡通人物颜色比应用"颜色加深"混合模式所得到的效果更深。

图 8.8

5. 深色

选择此混合模式，可以根据图像的饱和度，使用当前图层中的颜色直接覆盖下方图层中暗调区域的颜色。图 8.9 所示为应用"深色"混合模式后的效果，颜色更加接近原图。

图 8.9

8.2.3　变亮类混合模式

1. 变亮

选择此混合模式，Photoshop 将以上方图层中的较亮像素代替下方图层中与之相对应的较暗像素，以下方图层中的较亮像素代替上方图层中与之相对应的较暗像素，因此叠加后的整体图像变亮。图 8.10 所示为应用"变亮"混合模式后的效果。

2. 滤色

选择此混合模式，将在整体效果上显示出由上方图层及下方图层中较亮像素合成的图像效果，通常用于显示下方图层中的高光部分。

图 8.11 所示为应用"滤色"混合模式后的效果。可以看出，本例并没有实现完美的效果，人物区域较亮，两张图片并没有被很好地融合在一起。

图 8.10

图 8.11

3. 颜色减淡

选择此混合模式，可以生成非常亮的合成效果。此混合模式的原理为将上方图层的像素值与下方图层的像素值以一定的算法进行相加运算。此混合模式通常被用来制作光源中心点极亮的效果。

图 8.12 所示为将图像使用此模式叠加在一起后的效果。

图 8.12

4. 线性减淡（添加）

使用此混合模式可以基于每一个颜色通道的颜色信息来加亮所有通道的基色，并通过降低其他颜色的亮度来反映混合颜色。但是此混合模式对黑色无效。图 8.13 所示为将"图层 1"的混合模式设置为"线性减淡（添加）"后的效果，与采用"颜色减淡"混合模式的效果没有太大差异。

图 8.13

5. 浅色

与"深色"混合模式恰好相反，选择此混合模式，可以根据图像的饱和度，使用当前图层中的颜色直接覆盖下方图层中高光区域的颜色，效果如图 8.14 所示。

图 8.14

> **提 示**
>
> 在变亮的情况下，上述案例对图片的编辑不太理想，需要通过降低不透明度来让两张图片进行较好的融合。

8.2.4　融合类混合模式

1. 叠加

选择此混合模式，图像的最终效果将取决于下方图层中的图像内容，但上方图层中的明暗对比效果会直接影响整体效果，且叠加后下方图层中的亮调区域与暗调区域仍然会被保留。

图 8.15 所示为原图像。图 8.16 所示为在此图像所在图层上添加一个新图层的相关设置。然后将新图层的颜色用油漆桶工具填充为粉红色，并选择"叠加"混合模式，得到原图和效果图的前后效果对比，如图 8.17 所示。

图 8.15

图 8.16

图 8.17

2. 柔光

选择此混合模式，Photoshop 将根据上、下方图层中的图像内容，使整体图像的颜色变亮或变暗，并且变化的具体程度取决于像素的明暗程度。如果上方图层中的像素比 50% 灰度亮，则图像变亮；否则图像变暗。

此混合模式常用于刻画场景以加强视觉冲击力。以图 8.15 为例，图 8.18 所示为设置粉红色"图层 1"的混合模式为"柔光"时的前后效果对比。

图 8.18

3. 强光

此混合模式的叠加效果与"柔光"混合模式类似,但其变亮与变暗的程度较"柔光"混合模式强烈许多。仍然以图 8.15 为例,图 8.19 所示为设置淡绿色"图层 1"的混合模式为"强光"时的前后效果对比。可以发现,融合效果并没有暖色调的好,因为原图以暖色调为主,所以图层 1 的颜色应尽量选择与原图的主色调接近的,才能使融合效果更加突出。

图 8.19

4. 亮光

当选择此混合模式时,如果混合色的亮度比 50% 灰度亮,则可以通过降低对比度来使图像变亮,或者通过提高对比度来使图像变暗。仍然以图 8.15 为例,图 8.20 所示为设置金黄色"图层 1"的混合模式为"亮光"时的前后效果对比,形成了类似于曝光的效果。用户可以通过调节不透明度来减弱这种晃眼的效果。图 8.21 所示为将"不透明度"数值改为 60% 后的效果。

5. 线性光

当选择此混合模式时,如果混合色的亮度比 50% 灰度亮,则可以通过提高对比度来使图像变亮,或者通过降低对比度来使图像变暗。图 8.22 所示为应用"线性光"混合模式的效果,其"不透明度"数值为 60%。

图 8.20

图 8.21

图 8.22

6. 点光

此混合模式用于通过置换颜色像素来混合图像。如果混合色的亮度比 50% 灰度亮，则比原图像暗的像素会被置换，而比原图像亮的像素无变化；否则比原图像亮的像素会被置换，而比原图像暗的像素无变化。仍然以图 8.15 为例，将"不透明度"数值设置为 100%，将"图层 1"的颜色设置为湖蓝色，效果如图 8.23 所示。

7. 实色混合

选择此混合模式，可以创建一种具有较硬边缘的图像效果，类似于多块实色相混合。仍然以图 8.15 为例，将"不透明度"数值设置为 100%，将"图层 1"的颜色设置为湖蓝色，效果如图 8.24 所示。

图 8.23

图 8.24

8.2.5　异像类混合模式

1. 差值

选择此混合模式，可以从上方图层中减去下方图层中相应位置的像素值。以图 8.25 为例，新建一个图层，设置前景色为天蓝色（颜色值为 PANTONE solid coated 色库中的 299c 号颜色），然后使用油漆桶工具填充该图层，并设置该图层的混合模式为"差值"，其效果如图 8.26 所示。

图 8.25

图 8.26

2. 排除

选择此混合模式，可以创建一种与"差值"混合模式类似，但对比度较低的效果。设置前后的效果对比如图 8.27 所示。

图 8.27

3. 减去

选择此混合模式，可以使用上方图层中亮调的图像隐藏下方图层中相应位置的内容。设置前后的效果对比如图 8.28 所示。

图 8.28

4. 划分

选择此混合模式，可以在上方图层中加上下方图层中相应位置的像素值，通常用于使图像变亮。设置前后的效果对比如图 8.29 所示。

图 8.29

8.2.6　色彩类混合模式

1. 色相

选择此混合模式，最终图像的像素值将由下方图层的亮度值、饱和度值及上方图层的色相值构成。

图 8.30 所示为使用此模式前的原图像，"图层 1"为增加的一个被填充为红色（颜色值为 PANTONE solid coated 色库中的 red 032c 号颜色）的图层；图 8.31 所示为将"图层 1"的混合模式设置为"色相"后的效果。

2. 饱和度

选择此混合模式，最终图像的像素值将由下方图层的亮度值、色相值及上方图层的饱和度值构成。在选择的原图和颜色图层与"色相"混合模式的相同时，可以通过修改相应的不透明度来体现不同"饱和度"混合模式的效果对比。图 8.32 所示为"不透明度"数值分别为 30% 和 100% 时的不同"饱和度"混合模式的效果对比。

图 8.30   图 8.31

图 8.32

可以看出，当设置"不透明度"数值为 30% 时，最终图像的饱和度明显降低；而当设置"不透明度"数值为 100% 时，最终图像的饱和度明显提高。

3. 颜色

选择此混合模式，最终图像的像素值将由下方图层的亮度值及上方图层的色相值、饱和度值构成。在选择的原图和颜色图层与"色相"混合模式的相同时，可以修改相应的混合模式为"颜色"。设置前后的效果对比如图 8.33 所示。

图 8.33

4. 明度

选择此混合模式，最终图像的像素值将由下方图层的色相值、饱和度值及上方图层的亮度值构成。在选择的原图和颜色图层与"色相"混合模式的相同时，可以修改相应的混合模式为"颜色"，且设置"不透明度"数值为 60%。设置前后的效果对比如图 8.34 所示。

图 8.34

8.3　剪贴蒙版

8.3.1　剪贴蒙版的工作原理

剪贴蒙版本质上是一组图层的总称，由基底图层和内容图层组成，如图 8.35 所示。在一个剪贴蒙版中，基底图层只能有一个且位于剪贴蒙版的底部，而内容图层则可以有多个，且每个内容图层前面都会有一个 ↓ 图标。如图 8.27 所示，图层 0 为基底图层，其他图层为内容图层。

图 8.35

8.3.2　创建剪贴蒙版

如果要创建剪贴蒙版，则可以执行以下操作之一。

（1）在菜单栏中选择"图层"|"创建剪贴蒙版"命令。

（2）在选中内容图层的情况下，按 Alt+Ctrl+G 组合键创建剪贴蒙版，或者单击鼠标右键，在弹出的快捷菜单中选择"创建剪贴蒙版"命令。

（3）按住 Alt 键，将鼠标指针放置在基底图层与内容图层之间，当鼠标指针变为 ↓□ 形状时单击。

（4）如果要在多个图层间创建剪贴蒙版，则可以选中内容图层，并确认该图层位于基层的上方，按照上述方法选择"创建剪贴蒙版"命令即可。

在创建剪贴蒙版后，仍然可以为各图层设置混合模式、不透明度，以及后文将介绍的图层样式等。只有在两个连续的图层之间才可以创建剪贴蒙版。

在创建剪贴蒙版后，可以通过移动内容图层的方式来改变图像效果。图 8.36 所示为不同顺序的内容图层所显示的不同效果。

图 8.36

8.3.3　取消剪贴蒙版

如果要取消剪贴蒙版，则可以执行以下操作之一。

（1）按住 Alt 键，将鼠标指针放置在"图层"面板中两个相邻图层的分隔线上，当鼠标指针变为 ↓□ 形状时单击分隔线。

（2）在"图层"面板中选择内容图层中的任意一个图层，在菜单栏中选择"图层"|"释放剪贴蒙版"命令。

（3）选择内容图层中的任意一个图层，按 Alt+Ctrl+G 组合键。

8.4　图层蒙版

图层蒙版是在图层系列中用于控制多个图层的显示与隐藏的灰度图像（即蒙版），其中，通常使用黑、白图像来控制图层缩略图中图像的隐藏或显示。

8.4.1　图层蒙版的工作原理

图层蒙版的功能是有选择地对图像进行屏蔽，其原理是使用一张具有 256 级色阶的灰度图像来屏蔽图像，使得灰度图像中的黑色区域隐藏其所在图层的对应区域，从而显示下层图像；灰度图像中的白色区域显示其所在图层的对应区域，从而隐藏下层图像。由于灰度图像具有 256 级灰度，因此使用灰度图像能够创建过渡非常细腻、逼真的混合效果。

对比"图层"面板与图层所显示的效果，可以发现以下特征。

（1）图层蒙版中的黑色区域可以隐藏当前图层的图像的对应区域，从而显示底层图像。

（2）图层蒙版中的白色区域可以显示当前图层的图像的对应区域，从而隐藏底层图像。

（3）图层蒙版中的灰色区域既可以显示一部分底层图像，又可以显示一部分当前图层的图像，从而使图像在此区域具有半隐半显的效果。

由于所有显示、隐藏图层的操作都是在图层蒙版中进行的，并没有对图像本身的像素进行操作，因此使用图层蒙版能够保护图像的像素，使工作具有很大的弹性。

8.4.2　添加图层蒙版

Photoshop 中有很多种添加图层蒙版的操作方法。用户可以根据不同的情况来决定使用哪种操作方法。下面分别介绍各种操作方法。

1. 直接添加图层蒙版

如果要直接为图层添加图层蒙版，则可以使用下面的操作方法之一。

（1）选择要添加图层蒙版的图层，单击"图层"面板底部的"添加图层蒙版"按钮 ，或者在菜单栏中选择"图层"|"图层蒙版"|"显示全部"命令，可以为图层添加一个被默认填充为白色的图层蒙版，即显示全部图像，如图 8.37 所示。

图 8.37

（2）选择要添加图层蒙版的图层，按住 Alt 键，单击"图层"面板底部的"添加图层蒙版"按钮■，或者在菜单栏中选择"图层"|"图层蒙版"|"隐藏全部"命令，可以为图层添加一个被默认填充为黑色的图层蒙版，即隐藏全部图像，如图 8.38 所示。

图 8.38

2.利用选区添加图层蒙版

如果当前图像中存在选区，则可以利用该选区添加图层蒙版，并决定在添加图层蒙版后是否显示选区内部的图像。用户可以按照下面的操作方法之一来利用选区添加图层蒙版。

（1）根据选区范围添加图层蒙版：选择要添加图层蒙版的图层，在"图层"面板底部单击"添加图层蒙版"按钮■，即可根据当前选区的范围为图像添加图层蒙版。以图 8.39 为背景图层，内容图层如图 8.40 所示，添加图层蒙版后的效果如图 8.41 所示。

图 8.39   图 8.40

（2）根据与选区相反的范围添加图层蒙版：按住 Alt 键，在"图层"面板底部单击"添加图层蒙版"按钮，即可根据与当前选区相反的范围为图层添加图层蒙版，如图 8.42
所示。

图 8.41

图 8.42

8.4.3　编辑图层蒙版

添加图层蒙版只是完成了应用图层蒙版的第一步，要使用图层蒙版，还必须对图
层蒙版进行编辑，这样才能获得需要的效果。编辑图层蒙版的操作步骤如下。

（1）单击"图层"面板中的图层蒙版缩略图以将其激活。

如果没有激活图层蒙版，则当前操作就是在当前图层的图像中进行的，在这种状
态下，无论使用黑色还是白色进行涂抹操作，对于图像本身都是破坏性操作。

（2）选择任意一种编辑或绘画工具，按照下面的操作进行编辑。

● 如果要隐藏当前图层，则使用黑色在图层蒙版中绘图。

● 如果要显示当前图层，则使用白色在图层蒙版中绘图。

● 如果要使当前图层部分可见，则使用灰色在图层蒙版中绘图。

（3）如果要编辑图层而不是编辑图层蒙版，则单击"图层"面板中该图层的缩略
图以将其激活。

如图 8.43 所示，按住 Ctrl 键选择图层蒙版，然后将前景色设置为白色，使用画笔
工具就可以对不想显示的图片局部进行涂抹，从而使其消失。

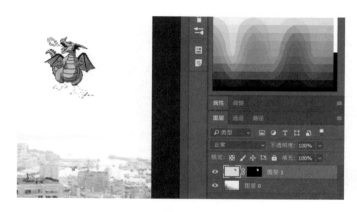

图 8.43

提示

　　如果要将一个图像粘贴到图层蒙版中，则按住 Alt 键单击图层蒙版缩略图以显示图层蒙版，然后选择"编辑"|"粘贴"命令，或者按 Ctrl+V 组合键执行粘贴操作，即可将图像粘贴到图层蒙版中。

8.4.4　更改图层蒙版的浓度

　　"属性"面板中的"浓度"滑块用于调整选定的图层蒙版或矢量蒙版的不透明度，其使用步骤如下所述。首先在原图上新建一个图层作为背景图层，然后在该图层上新建一个图层，并使用矩形选择工具在此图层上创建一个选区，将前景色调整为红色后使用油漆桶工具进行填充。接下来，在该图层上单击"添加矢量蒙版"按钮 ●，即可在该图层上建立图层蒙版，单击新建的图层蒙版，在面板的位置会出现"图层"面板的"属性"面板。在"属性"面板中将"浓度"数值设置为 68%，效果如图 8.44 所示。虽然图层蒙版白色选区外的颜色从"浓度"数值为 100% 的黑色变成了现在的灰色，但是红色遮罩部分的浓度没有变化。因此，现在反选图层蒙版区域，删除原来的图层蒙版，按住 Alt 键添加图层蒙版，效果如图 8.45 所示。可以看到，选区部分为黑色蒙版，前景色为黑色，这时的"浓度"数值为 100%，红色蒙版在图片上是不存在的。调整"浓度"数值为 50%，效果如图 8.46 所示。此时红色蒙版显现出来，并且红色蒙版后面的图形显示的比例和"浓度"数值有关，我们可以根据需要对其进行调整。

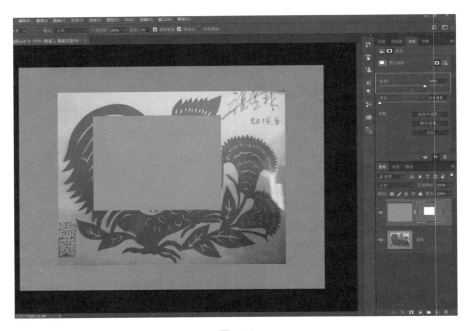

图 8.44

图 8.45

图 8.46

当然，我们也可以构建路径以完成图层蒙版的构建。具体操作步骤如下。

（1）在"图层"面板中，首先按住 Alt 键，然后单击"添加图层蒙版"按钮，构建隐藏图像的图层蒙版，并选择这个图层蒙版。

（2）单击"属性"面板中的◙按钮或▦按钮，以将图层蒙版激活（Photoshop CC 2017 会自动激活）。

（3）拖动"浓度"滑块，当其数值为 100% 时，图层蒙版完全透明，不遮挡当前图层下面的所有图像。此数值越高，则图层蒙版下的可见图像越多。

8.4.5　羽化蒙版边缘

使用"属性"面板中的"羽化"滑块可以直接控制蒙版边缘的柔化程度，而无须像以前那样使用"模糊"滤镜对其进行操作，具体操作步骤如下。

（1）在"图层"面板中选择包含要编辑的蒙版的图层。

（2）单击"属性"面板中的◙按钮或▦按钮，以将其激活。

（3）在"属性"面板中拖动"羽化"滑块，将羽化效果应用到蒙版边缘，使蒙版边缘在蒙住和未蒙住区域间实现比较柔和的过渡。

以前面未设置"浓度"数值时的图像为例，图 8.47 所示为在"属性"面板中将"羽化"数值增加后的效果。可以看出，蒙版边缘颜色变深。

图 8.47

8.4.6　图层蒙版与图层缩略图的链接状态

在默认情况下，图层与图层蒙版保持链接状态，即图层缩略图与图层蒙版缩略图之间存在 ⫶ 图标。此时如果使用移动工具 ⊹ 移动图层中的图像，则图层蒙版中的图像也会随之一起移动，从而保证图层蒙版中的图像与图层中的图像的相对位置不变。

如果要单独移动图层或图层蒙版中的图像，则可以单击两者之间的 🔗 图标以使其消失，然后就可以独立地移动图层或图层蒙版中的图像了。

8.4.7　载入图层蒙版中的选区

如果要载入图层蒙版中的选区，则可以执行以下操作之一。

- 单击"属性"面板中的"从蒙版中载入选区"按钮 ⚬。
- 按住 Ctrl 键单击图层蒙版的缩略图。

8.4.8　应用与删除图层蒙版

应用图层蒙版可以将图层蒙版中黑色区域对应的图像像素删除，将白色区域对应的图像像素保留，将灰色过渡区域对应的部分图像像素删除以得到一定的透明效果，从而保证图像效果在应用图层蒙版前后不会发生变化。如果要应用图层蒙版，则可以执行以下操作之一。

（1）在"属性"面板底部单击"应用蒙版"按钮 ⬦。

（2）在菜单栏中选择"图层"｜"图层蒙版"｜"应用"命令。

（3）在图层蒙版缩略图上右击，在弹出的快捷菜单中选择"应用图层蒙版"命令。

如果不想对图像进行任何修改而直接删除图层蒙版，则可以执行以下操作之一。

（1）单击"属性"面板底部的"删除蒙版"按钮 🗑。

（2）在菜单栏中选择"图层"｜"图层蒙版"｜"删除"命令。另外，选择要删除的图层蒙版，直接按 Delete 键也可以将其删除。

（3）在图层蒙版缩略图中右击，在弹出的快捷菜单中选择"删除图层蒙版"命令。

8.4.9　停用与启用图层蒙版

在存在图层蒙版的状态下，只能观察到未被图层蒙版隐藏的部分图像，因此不利于对图像进行编辑。在此情况下，可以执行以下操作之一，完成停用 / 启用图层蒙版的操作。

- 在"属性"面板中单击底部的"停用 / 启用蒙版"按钮 👁，即可停用该图层蒙版，此时该图层蒙版缩略图中将出现一个红色的"X"，再次单击该按钮，即可重新启用该图层蒙版。
- 按住 Shift 键单击图层蒙版缩略图，可暂时停用图层蒙版，再次按住 Shift 键单击图层蒙版缩略图，即可重新启用图层蒙版。

快速蒙版

8.5　本章习题

一、选择题

1. 下列选项中不可以设置"不透明度"参数的是（　　　　）。

    A. 画笔工具　　　　　　　　　　B. 图层

    C. 矩形选框工具　　　　　　　　D. 仿制图章工具

2. 当图像中存在一个选区时，对于按住 Alt 键单击"添加图层蒙版"按钮 ▣ 与不按住 Alt 键单击"添加图层蒙版"按钮 ▣，下列描述正确的是（　　　　）。

    A. 蒙版是反相的关系

    B. 前者无法创建图层蒙版，而后者能够创建图层蒙版

    C. 前者添加的是图层蒙版，后者添加的是矢量蒙版

    D. 前者在创建图层蒙版后仍然存在选区，而后者在创建图层蒙版后不再存在选区

3. 在图层上添加一个图层蒙版，当需要单独移动图层蒙版时，下面操作中正确的是（　　　　）。

    A. 首先单击图层上的图层蒙版，然后选择移动工具 ✛.

    B. 首先单击图层上的图层蒙版，然后使用移动工具 ✛. 拖动

    C. 首先解除图层与图层蒙版之间的链接，然后选择移动工具 ✛.

    D. 首先解除图层与图层蒙版之间的链接，选择图层蒙版，然后使用移动工具 ✛. 拖动

4. 下列选项中可以添加图层蒙版的是（　　　　）。

    A. 图层组　　　　　　　　　　　B. 文字图层

    C. 形状图层　　　　　　　　　　D. 背景图层

5. 下列关于图层蒙版的说法中，正确的是（　　　　）。

    A. 使用画笔工具 ✐. 在图层蒙版上绘制黑色，图层上的像素就会被隐藏

    B. 使用画笔工具 ✐. 在图层蒙版上绘制白色，图层上的像素就会显示出来

    C. 使用灰色的画笔工具 ✐. 在图层蒙版上涂抹，图层上的像素就会出现半透明的效果

    D. 图层蒙版一旦建立，就不能被修改

二、上机操作题

1. 打开素材图片，如图 8.48 所示，利用混合模式提亮图像，得到如图 8.49 所示的效果。

图 8.48　　　　　　　　　　　　　　　图 8.49

　　2. 打开素材图片，如图 8.50 所示，首先复制图层，在复制的图层上利用图层的"正片叠底"混合模式来加深图像颜色和降低图像亮度，得到如图 8.51 所示的效果。

图 8.50　　　　　　　　　　　　　　　图 8.51

第 9 章

图层的特效处理功能

9.1 "图层样式"对话框简介

　　图层样式用于为图层添加特殊效果，如浮雕、描边、内发光、外发光、投影等。下面分别介绍一下各个图层样式的使用方法。

　　"图层样式"对话框集成了 10 种各具特色的图层样式，但各图层样式所对应的"图层样式"对话框的总体结构大致相同，如图 9.1 所示。下面介绍"图层样式"对话框的一些基本功能。

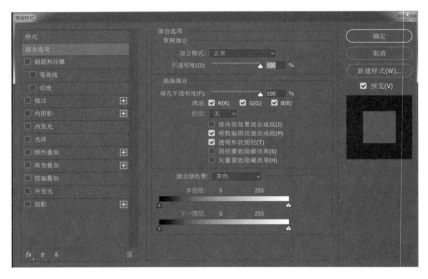

图 9.1

　　可以看出，"图层样式"对话框在结构上分为以下 3 个区域。

　　● 图层样式列表区：该区域中列出了所有图层样式，如果要同时应用多个图层样式，则只需要勾选相应图层样式名称左侧的复选框即可；如果要对某个图层样式的选项进行编辑，则直接单击该图层样式的名称，即可在"图层样式"对话框中间的图层样式选项区进行选项设置。用户还可以将部分图层样式进行叠加处理。

- 图层样式选项区：在选择不同图层样式的情况下，该区域会即时显示出与之对应的选项设置。
- 图层样式预览区：在该区域中，可以预览当前所设置的所有图层样式叠加在一起的效果。

值得一提的是，在 Photoshop 中，除了单个图层，还可以为图层组添加图层样式，以满足用户多样化的处理需求。

9.2　图层样式功能详解

9.2.1　斜面和浮雕

在菜单栏中选择"图层"|"图层样式"|"斜面和浮雕"命令，或者单击"图层"面板底部的"添加图层样式"按钮 fx，在弹出的下拉列表中选择"斜面和浮雕"选项，即可弹出"图层样式"对话框。勾选"斜面和浮雕"图层样式对应的复选框，可以创建具有斜面或浮雕效果的图像，"斜面与浮雕"图层样式所对应的"图层样式"对话框如图 9.2 所示。

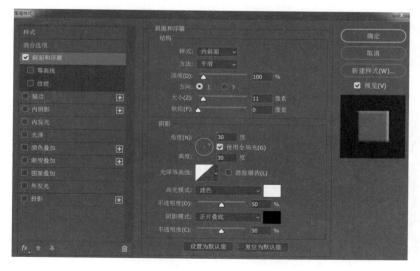

图 9.2

下面将以图 9.3 为例，介绍"斜面和浮雕"图层样式所对应的部分选项的功能。

在使用该图层样式的效果前，可以通过双击图层中的图像，使图像转换为图层。

- 样式：选择此下拉列表的不同选项，可以设置不同的效果。在此可以选择"外斜面""内斜面""浮雕效果""枕状浮雕""描边浮雕"等选项，以选择"内斜面"选项为例，按图 9.4 所示对选项设置进行调整，调整后的效果如图 9.5 所示。可以看到，砖的边缘凸起效果明显，立体感突出。

提 示

在选择"描边浮雕"选项时，必须同时勾选"描边"图层样式对应的复选框，否则将不会得到任何浮雕效果。在当前的示例中，将"描边"图层样式的效果设置为 12 像素的红色描边。

- 方法：在此下拉列表中可以选择"平滑""雕刻清晰""雕刻柔和"等选项，在保持"样式"设置（见图 9.4）不变的情况下，将"方法"设置为"雕刻清晰"，效果如图 9.6 所示。对比图 9.5 和图 9.6，可以发现后者的边缘处更加尖锐。

图 9.3

图 9.4

图 9.5

图 9.6

- 深度：此选项用于控制"斜面和浮雕"图层样式的深度。该数值越大，则效果越明显。图 9.7 所示为分别设置"深度"数值为 30%、90% 时的效果对比。

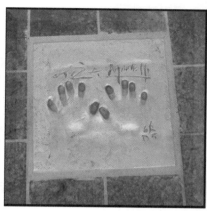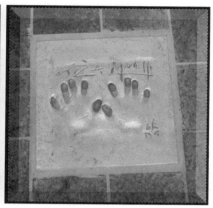

图 9.7

- 方向：在此可以选择"斜面和浮雕"图层样式的视觉方向。如果选中"上"单选按钮，则在视觉上呈现凸起效果；如果选中"下"单选按钮，则在视觉上呈现凹陷效果。图 9.8 所示为方向分别为"上"和"下"的效果对比，同时，"深度"数值为 200%，"大小"数值为 130 像素。

图 9.8

- 软化：此选项用于控制"斜面和浮雕"图层样式下亮调区域与暗调区域的柔和程度。该数值越大，则亮调区域与暗调区域越柔和。
- 高光模式、阴影模式：在这两个下拉列表中，可以为形成斜面或浮雕效果的高光和阴影区域选择不同的混合模式，从而得到不同的效果。如果单击右侧的色块，还可以在弹出的"拾色器（斜面和浮雕高光颜色）"对话框和"拾色器（斜面和浮雕阴影颜色）"对话框中为高光和阴影区域选择不同的颜色，因为在某些情况下，高光区域并非完全为白色，也可能会呈现出某种色调；同样，阴影区域也并非完全为黑色。
- 光泽等高线：光泽等高线是用于制作特殊效果的一个关键因素。Photoshop 提供了很多预设的光泽等高线类型，只需要选择不同的光泽等高线类型，就可以得到非常丰富的效果。另外，也可以通过单击当前光泽等高线的预览框，在弹出的"等高线编辑器"对话框中进行编辑，直到获得满意的浮雕效果为止。图 9.9 所示为分别选择两种不同光泽等高线类型时的效果对比。

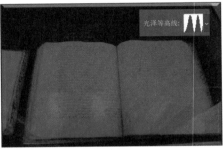

图 9.9

9.2.2 描边

使用"描边"图层样式可以选用"颜色""渐变""图案"3 种填充类型为当前图层中的图像绘制轮廓。

"描边"图层样式所对应的部分选项功能如下。

- 大小：此选项用于控制描边的宽度。该数值越大，则生成的描边宽度越大。
- 位置：在此下拉列表中有"外部""内部""居中"3 个选项。选择"外部"选项，描边效果将完全处于图像的外部；选择"内部"选项，描边效果将完全处于图像的内部；选择"居中"选项，描边效果将一半处于图像的外部，一半处于图像的内部。
- 填充类型：在此下拉列表中可以设置描边的类型，包括"颜色""渐变""图案"3 个选项。

使用"描边"图层样式可以模拟金属的边缘，图 9.10、图 9.11 和图 9.12 所示分别为将"填充类型"设置为"颜色""渐变""图案"的效果。

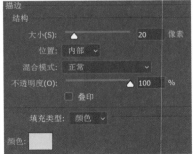

图 9.10

图 9.11

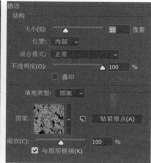

图 9.12

虽然使用上述任何一种图层样式都可以获得非常丰富的效果，但是在实际应用中通常同时使用多种图层样式。

9.2.3　内阴影

使用"内阴影"图层样式可以为非背景图层添加位于图层不透明像素边缘内的投影，使图层呈现凹陷的效果。

"内阴影"图层样式所对应的部分选项功能如下。

- 混合模式：在此下拉列表中可以为内阴影选择不同的混合模式，从而得到不同的内阴影效果。单击其右侧色块，可以在弹出的"拾色器（内阴影颜色）"对话框中为内阴影设置颜色。
- 不透明度：在其文本框中可以输入数值以定义内阴影的不透明度。该数值越大，则内阴影的效果越清晰。
- 角度：在此拨动角度轮盘的指针或者在其文本框中输入数值，可以定义内阴影的投射方向。如果勾选了"使用全局光"复选框，则内阴影使用全局设置；否则可以自定义角度。
- 距离：在其文本框中输入数值，可以定义内阴影的投射距离。该数值越大，则内阴影的三维空间效果越明显；否则，越贴近投射内阴影的图像。图 9.13 所示为添加内阴影后的效果和选项设置情况。

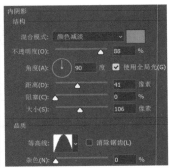

图 9.13

9.2.4 内发光与外发光

使用"内发光"图层样式可以在图层中增加不透明像素内部的发光效果。该图层样式所对应的"图层样式"对话框与"外发光"图层样式所对应的基本相同。

使用"外发光"图层样式可以为图层增加发光效果。此类效果通常用于具有较暗背景的图像中，以创建一种发光的效果。

"内发光"及"外发光"图层样式常常被组合在一起使用，用来模拟一个发光的物体。图 9.14 所示为添加图层样式前的效果。图 9.15 所示为添加"内发光"图层样式后的效果和选项设置情况。在制作外发光效果的过程中，首先选择文字选区，使其成为一个新文字选区，然后对文字选区进行外发光设置。图 9.16 所示为添加"外发光"图层样式后的效果和选项设置情况。

图 9.14

图 9.15

图 9.16

9.2.5　光泽

使用"光泽"图层样式可以在图层内部根据图层的形状应用投影，常用于创建光滑的磨光及金属效果。图 9.17 所示为添加"光泽"图层样式前后的效果对比和选项设置情况。

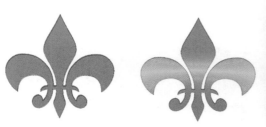 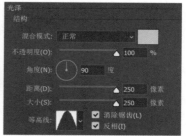

图 9.17

9.2.6　颜色叠加

使用"颜色叠加"图层样式可以为图层叠加某种颜色。此图层样式的选项设置非常简单，在相应对话框中设置一种叠加颜色，并设置所需要的"混合模式"及"不透明度"即可。

9.2.7　渐变叠加

使用"渐变叠加"图层样式可以为图层叠加渐变效果。

"渐变叠加"图层样式所对应的较为重要的选项功能如下。

- 样式：在此下拉列表中可以选择"线性""径向""角度""对称""菱形"5 种渐变样式。

- 与图层对齐：在勾选此复选框的情况下，渐变效果由图层中最左侧的像素应用到其最右侧的像素。

图 9.18 所示为对图像添加"渐变叠加"图层样式后的效果及选项设置情况。

图 9.18

9.2.8　图案叠加

使用"图案叠加"图层样式可以在图层上叠加图案。该图层样式所对应的选项与前面介绍的图层样式的类似，因此这里不再赘述。

图 9.19 所示为在图片上叠加图案后的效果及选项设置情况。

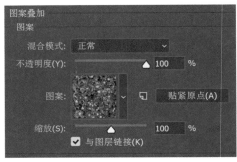

图 9.19

9.2.9　投影

使用"投影"图层样式可以为图层添加投影效果。

"投影"图层样式所对应的较为重要的选项功能如下。

- 扩展：在此文本框中输入数值，可以增加投影的投射强度。该数值越大，则投射的强度越大。图 9.20 所示为在其他选项设置不变的情况下，"扩展"数值分别为 20% 和 80% 时的"投影"效果对比。

图 9.20

- 大小：此选项用于控制投影的柔化程度。该数值越大，则投影的柔化效果越明显；否则边界越清晰。图 9.21 所示为"混合模式"为"正常"、"颜色"为蓝色、"扩展"数值为 20% 的情况下，"大小"数值分别为 50 像素和 150 像素下的"投影"效果。

图 9.21

- 等高线：使用等高线可以定义图层样式效果的外观，其原理类似于使用"曲线"命令对图像进行调整的原理。单击此下拉按钮，将弹出"等高线"下拉列表，可在该下拉列表中选择等高线的类型，在默认情况下，会自动选择"线性等高线"选项。

9.3　填充不透明度与图层样式

图层的"填充"数值仅用于改变当前图层中像素的填充数量，从而实现降低图像透明度的效果，这一特点在设置带有图层样式的图层的透明属性时最为明显。

图 9.22 所示为原图像；图 9.23 所示为将"填充"数值设置为 30% 的效果。当图层的"填充"数值被设置为 30% 时，图像中的红色变淡了。

图 9.22

图 9.23

9.4　图层样式的相关操作

9.4.1　显示或隐藏图层样式

图层样式是应用于图层对象的效果，与图层是独立关系。如果要隐藏某个图层样式，则可以在"图层"面板中单击其左侧的按钮 ，以将其隐藏。当然，也可以按住 Alt 键，单击"添加图层样式"按钮 ，在弹出的下拉列表中选择隐藏图层样式的选项。

如果要隐藏某个图层的所有图层样式，则可以单击"图层"面板中该图层下方"效果"左侧的按钮 。

> **提示**
>
> 在某些情况下，用户可以通过不断地隐藏、显示某个图层样式来查看这个图层样式是否在整个效果中起到了应有的作用，从而判断是否应该使用这个图层样式。

9.4.2　复制与粘贴图层样式

如果需要将两个图层设置为相同的图层样式，则可以通过复制与粘贴图层样式来减少重复性工作。如果要复制图层样式，则可以按照下述步骤进行操作。

（1）在"图层"面板中选择包含要复制的图层样式的图层。

（2）在菜单栏中选择"图层"|"图层样式"|"拷贝图层样式"命令，或者在图层上右击，在弹出的快捷菜单中选择"拷贝图层样式"命令。

（3）在"图层"面板中选择需要粘贴图层样式的目标图层。

（4）在菜单栏中选择"图层"|"图层样式"|"粘贴图层样式"命令，或者在图层上右击，在弹出的快捷菜单中选择"粘贴图层样式"命令。

除了使用上述方法，还可以按住 Alt 键将图层样式直接拖动到目标图层中，这样也可以起到复制图层样式的目的。若拖动的是"效果",则复制所有图层样式;若拖动的是某个图层样式,则只复制该图层样式。

> **提 示**
>
> 　　此时如果没有按住 Alt 键而直接拖动图层样式,则相当于将原图层中的图层样式剪切到目标图层中。

9.4.3　删除图层样式

删除图层样式可以使该图层样式不再发挥作用,同时可以降低图像文件的大小。

(1)删除某个图层上的某个图层样式:在"图层"面板中选中该图层样式,然后将其拖动到"删除图层"按钮上;或者右击该图层,在弹出的快捷菜单中选择"清除图层样式"命令。

(2)删除某个图层上的所有图层样式:在"图层"面板中选中该图层,并在菜单栏中选择"图层"|"图层样式"|"清除图层样式"命令;在"图层"面板中选择图层下方的"效果"栏,将其拖动到"删除图层"按钮上。

从 Photoshop CC 2015 开始,用户可以在"图层样式"对话框左侧的图层样式列表区中删除图层样式,只保留需要使用的图层样式即可,使得在查看和编辑图层样式时更为直观。

如果要删除图层样式,则可以在"图层样式"对话框中执行以下操作之一。

- 选中要删除的图层样式,单击"删除图层样式"按钮即可。
- 单击"图层样式"对话框左下角的"添加图层样式"按钮,在弹出的下拉列表中选择"删除隐藏的效果"选项,可以将当前所有未被使用的图层样式删除。

贴图实例视频
插入处

9.5　本章习题

一、选择题

1. 下列关于"图层样式"中"光照"参数的说法中正确的是(　　　　)。
   A. 光照角度是固定的
   B. 光照角度可被任意设定
   C. 光线照射的角度只能是 60°、120°、240° 或 300°
   D. 光线照射的角度只能是 0°、90°、180° 或 270°

2. 若在"投影"图层样式所对应的"图层样式"对话框中勾选"使用全局光"复选框，并设置"角度"数值为 15°，则在默认情况下，下列图层样式中的角度会随之变化的是（　　　）。

    A. 外发光　　　　　　B. 内阴影　　　　　　C. 斜面和浮雕　　　　D. 内发光

3. 下列关于不透明度与填充不透明度的描述中正确的是（　　　）。

    A. 不透明度将对图层中的所有像素起作用

    B. 填充不透明度只对图层中填充像素起作用，对图层样式不起作用

    C. 不透明度不会影响到图层样式

    D. 填充不透明度不会影响到图层样式

4. 下列选项中可以添加图层样式的是（　　　）。

    A. 图层组　　　　　　B. 形状图层　　　　　　C. 文字图层　　　　　D. 普通图层

二、上机操作题

1. 打开素材图片，如图 9.24 所示。首先复制背景层，然后输入文字，如图 9.25 所示，接下来栅格化文字，选择"渐变工具"，选择相应的渐变颜色，并编辑其中的渐变属性，最后获得如图 9.26 所示的效果。

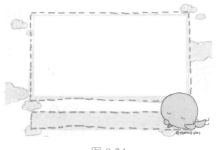

图 9.24

图 9.25

图 9.26

2. 打开素材图片，如图 9.27 所示，为每个文字建立图层，并分别选择图层进行调整，

单击"图层"面板底部的"添加图层样式"按钮以添加图层样式，在图层样式列表区
勾选"投影"复选框，如图 9.28 所示，最后获得如图 9.29 所示的发光效果。

图 9.27

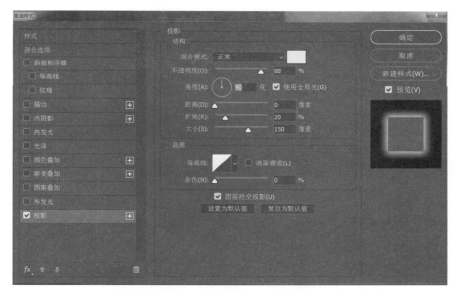

图 9.28

图 9.29

第 10 章

输入与编辑文字

10.1　输入文字

10.1.1　输入横／直排文字

Photoshop CC 2017 的文字处理能力较强，可以满足大多数的文字处理需求。首先介绍输入文字的方法。文字工具的工具选项栏如图 10.1 所示。

图 10.1

在工具选项栏中，可以根据需要对文字进行字体、字号和位置等属性的设置。而输入文字的工作可以使用任意一种流行的输入法完成。下面以输入横排文字为例，讲解其操作方法。

（1）打开素材图片，如图 10.2 所示，需要在图片中的白墙上添加横排文字。

（2）在工具选项栏中设置合适的参数，如字体、大小和颜色等。

（3）使用横排文字工具在图片的白墙上需要插入文字的位置单击，会显示一个不断跳动的光标（见图 10.2 中的红色区域）。在完成文字输入后，按照图 10.3 所示的选项设置进行文字大小的调整。最终效果如图 10.4 所示。

图 10.2

（4）当然，如果需要添加的文字多，也可以按 Enter 键并在下一行输入文字。在完成后，单击工具选项栏中的√符号，确认工作内容，然后进行保存。如果需要重新做，就单击按钮◍，取消所有的操作。

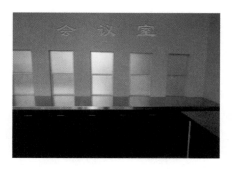

图 10.3

图 10.4

10.1.2 转换横排文字与直排文字

在需要的情况下，可以转换横排文字及直排文字的排列方向，其操作步骤如下。

（1）打开素材图片，如图 10.5 所示，图中红色区域有横排文字。

（2）根据上节内容使用横排文字工具。

（3）在工具箱中选择一种文字工具。

（4）单击工具选项栏中的"切换文本取向"按钮，可以转换水平及垂直排列的文字。

- 在菜单栏中选择"文字"|"取向"|"垂直"命令，将文字转换为垂直排列。
- 在菜单栏中选择"文字"|"取向"|"水平"命令，将文字转换为水平排列。

（5）如果已经完成了文字的输入，则可以选择文字所在图层并右击，在弹出的快捷菜单中选择"垂直"命令或"水平"命令。右击文字图层，在弹出的快捷菜单中选择"垂直"命令，效果如图 10.6 所示。

图 10.5

图 10.6

10.1.3 输入点文字

点文字和段落文字是 Photoshop 中的两种主要文字形式。点文字的行长度会随着文字的增加而增长，但不会自动换行，需要由用户按 Enter 键来实现。下面以一个简单实例进行说明。

（1）打开素材图片，如图 10.7 所示。

（2）使用横排文字工具在图片的灰色位置单击并输入文字。

（3）在工具选项栏、"字符"面板或"段落"面板中设置文字属性。

（4）在完成后，单击"提交所有当前编辑"按钮 以确认操作并保存。图 10.8 所示为输入点文字后的效果。

图 10.7

图 10.8

10.1.4　输入段落文字

段落文字与点文字有些不同，段落文字会被限定在一个文本框中，当输入的段落文字到达文本框的边界时就会自动换行，因此需要通过改变文本框的大小和位置来调节输入段落文字的位置和数量。输入段落文字可以按照以下操作步骤进行。

（1）打开素材图片，如图 10.9 所示。

（2）选择横排文字工具 **T.** 或直排文字工具 **T.**。本例选择横排文字工具。

（3）在图片上拖动横排文字工具以形成一个矩形框，同时自动生成一个文字图层。

（4）在工具选项栏、"字符"面板或"段落"面板中设置文字属性。

（5）在文字光标后输入文字，单击"提交所有当前编辑"按钮 **✓** 以确认操作并保存。图 10.10 所示为输入段落文字后的效果。

图 10.9

图 10.10

10.1.5　转换点文字及段落文字

点文字和段落文字也可以相互转换。在转换时，执行下列操作中的任意一种即可。

- 在菜单栏中选择"文字"|"转换为点文本"命令或"转换为段落文本"命令。
- 选择要转换的文字图层，右击其图层名称，在弹出的快捷菜单中选择"转换为点文本"命令或"转换为段落文本"命令。

10.1.6　输入特殊字形

从 Photoshop CC 2015 开始，Photoshop 软件支持字形功能，从而可以更容易地输入各种特殊符号或文字等。在菜单栏中选择"窗口"|"字形"命令，打开"字形"面板，在要输入特殊字形的位置插入光标，然后双击要插入的特殊字形即可，如图 10.11 所示。

图 10.11

10.2　设置文本的字符属性

在前文介绍输入文字时，已经提到可以在工具选项栏中设置文字的字体、字号等属性，但这仅仅是部分常用的属性，更多的属性可以通过"字符"面板进行设置。在 Photoshop CC 2017 中选中文字图层后，可以在"属性"面板中设置常用选项，此外，还可以通过"字符样式"对字符属性进行统一的修改和控制。

10.2.1　SVG 字体简介

SVG 字体在 Photoshop CC 2017 中是较为常见的字体，其中包括比较丰富的字体集合，甚至表情包，如图 10.12 所示。SVG 字体还是比较多的，如 Trajan Color、EmojiOne、Popsky、Abelone、Playbox、Megazero 等。

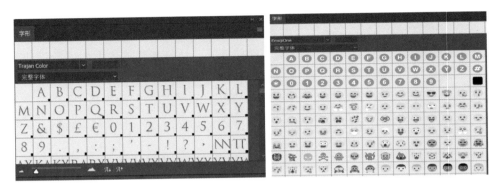

图 10.12

10.2.2 设置字符属性

前文已经提到,设置字符属性的方式有很多,但"字符"面板中包含的选项是最全面的。

要显示"字符"面板,可以按照以下方法中的任意一种进行操作。

- 在菜单栏中选择"窗口"|"字符"命令。
- 在文本输入状态下,按 Ctrl+T 组合键。
- 在菜单栏中选择"文字"|"面板"|"字符面板"命令。

"字符"面板的使用方法如下。

(1)在"图层"面板中双击要设置字符属性的文字图层的图层缩略图,或者利用文字工具在画布中的文字上双击,选择当前文字图层中要进行格式化的文字。

(2)单击工具选项栏中的"切换字符和段落面板"按钮■,弹出如图 10.13 所示的"字符"面板。

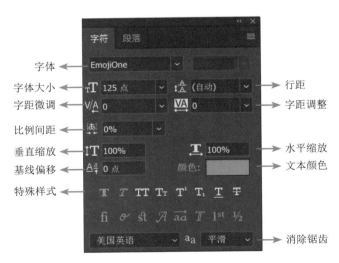

图 10.13

在"字符"面板中设置需要修改的选项，然后单击工具选项栏中的"提交所有当前编辑"按钮✔进行确认即可。

下面介绍"字符"面板中比较常用且重要的选项功能。

图 10.14

- 字体：在"字体"下拉列表中，可以选择电脑中安装的字体，如图 10.14 所示。从 Photoshop CC 2015 开始，可以通过顶部的"筛选"下拉列表来选择不同的选项，如黑体、艺术、手写、衬线、无衬线等；单击"显示 Typekit 中的字体"按钮 Tk，可以只显示从 Typekit 网站添加的字体；单击"显示收藏字体"按钮 ★，可以只显示被设置为"收藏"的字体（在字体左侧单击 ☆ 图标，使之变为 ★，即可收藏该字体，再次单击即可取消收藏该字体）；单击"显示相似字体"按钮 ≈，可以根据当前字体的特点，自动筛选出相似的字体；单击"从 Typekit 添加字体"按钮 Tk，可以访问 Typekit 网站，并在其中选择并同步字体到本地计算机中。若打开的图像文件中缺失字体，则可以自动在 Typekit 网站中查找匹配的字体，用户也可以在缺失字体后面的下拉列表中，选择本地的字体进行替换。

> **提示**
>
> 对于已经打开的图像文件，用户可以在菜单栏中选择"文字"|"解析缺失字体"命令，打开相应对话框。

- 垂直缩放 🔳、水平缩放 🔳：这两个选项用于设置文字水平或垂直缩放的比例。选择需要设置比例的文字，在 🔳 或者 🔳 后面的文本框中输入百分数，即可调整文字的水平缩放或垂直缩放的比例。如果数值大于 100%，则文字的高度或宽度增大；如果数值小于 100%，则文字的高度或宽度缩小。
- 字距调整 🔳：选择需要调整的文字，在 🔳 后面的文本框中输入数值，或者在其下拉列表中选择合适的数值，即可设置字符之间的距离。若该值为正值，则增大字符之间的距离；若该值为负值，则缩小字符之间的距离。
- 行距 🔳：在 🔳 后面的文本框中输入数值，或者在其下拉列表中选择一个合适的数值，即可设置两行文字之间的距离。该数值越大，则两行文字之间的距离越大。

- 颜色：单击此色块，在弹出的"拾色器（文本颜色）"对话框中可以设置字体的颜色。
- 比例间距：此选项用于控制所有选中文字的间距。该数值越大，则间距越大。
- 基线偏移：此选项仅用于设置选中文字的基线值。若该值为正值，则基线向上移；若该值为负值，则基线向下移。
- 消除锯齿：在此下拉列表中可以选择消除锯齿的方法。例如，在选择"锐利"选项时，字体的边缘很清晰；在选择"平滑"选项时，字体的边缘很光滑。

10.2.3　字符样式

如果要设置和编辑字符样式，则应先在菜单栏中选择"窗口" | "字符样式"命令以显示"字符样式"面板，如图 10.15 所示。

图 10.15

1. 创建字符样式

要创建字符样式，可以在"字符样式"面板右下角单击"创建新的字符样式"按钮 ，即可按照默认的设置创建一个字符样式，如图 10.16 所示。双击新建的"字符样式 1"，就会出现"字符样式选项"对话框，如图 10.17 所示，然后就可以按照需要进行设置。

若是在创建字符样式时，选中了文本，则会按照当前文本所设置的格式创建新的字符样式。

图 10.16

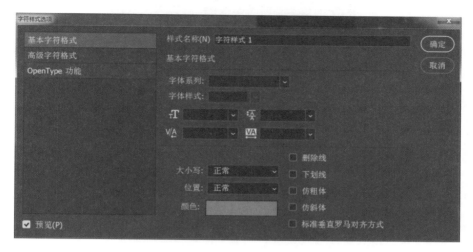

图 10.17

2. 编辑字符样式

在创建字符样式后，双击要编辑的字符样式，即可弹出"字符样式选项"对话框。在"字符样式选项"对话框中，在左侧可以选择"基本字符格式""高级字符格式""OpenType 功能"3 个选项，在右侧可以设置不同的字符属性。

3. 应用字符样式

当选中一个文字图层时，在"字符样式"面板中单击某个字符样式，可以为当前文字图层中所有的文本应用字符样式。若选中了文本，则字符样式仅应用于选中的文本。

4. 覆盖与重新定义字符样式

在创建字符样式后，若当前选择的文本中含有与当前所选字符样式不同的属性，则该字符样式上会显示一个"+"。此时，单击"清除覆盖"按钮 ，可以将当前字符样式所定义的属性应用于所选的文本，并清除与字符样式不同的属性；若单击"通过合并覆盖重新定义字符样式"按钮 ，则可以根据当前所选文本的属性，将其更新到所选中的字符样式中。

5. 复制字符样式

要创建一个与某字符样式相似的新字符样式，可以选中该字符样式，然后单击"字符样式"面板中右上角的面板按钮 ，在弹出的下拉菜单中选择"复制样式"命令，即可创建一个所选样式的副本，如图 10.18 所示。

6. 载入字符样式

要调用某 PSD 格式文件中保存的字符样式，可以单击"字符样式"面板右上角的面板按钮■，在弹出的下拉菜单中选择"载入字符样式"命令，并在弹出的对话框中选择包含要载入的字符样式的 PSD 文件即可。

7. 删除字符样式

对于无用的字符样式，可以选中该样式，然后单击"字符样式"面板底部的"删除当前字符样式"按钮■，在弹出的对话框中单击"是"按钮即可。

10.3   设置文本的段落属性

"段落"面板主要用于为大段文本设置对齐方式和缩进等属性。与设置字符属性类似，也可以通过多种方式设置段落属性，并且可以通过设置段落样式，对大量段落进行统一的属性设置。

10.3.1   设置段落属性

要显示"段落"面板，可以按照以下方法中的任意一种进行操作。
- 在菜单栏中选择"窗口"|"段落"命令。
- 在文本输入状态下，按 Ctrl+M 组合键。
- 在菜单栏中选择"文字"|"面板"|"段落面板"命令。

"段落"面板的使用方法如下。

1. 对齐文字

单击"字符"面板中的"段落"标签,或者在菜单栏中选择"窗口"|"段落"命令，在默认情况下即可显示如图 10.19 所示的"段落"面板，在此可以为段落文字设置对

齐方式、段前间距值等属性。如果选择直排文字工具 IT. 或直排文字蒙版工具 IT. ，则
"段落"面板如图 10.20 所示。

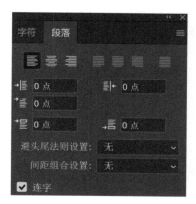

图 10.19

图 10.20

提示

也可以通过在菜单栏中选择"文字" | "面板" | "段落面板"命令来打开"段
落"面板。

如果要为某个文字段落设置格式，则使用文字工具在此段落中单击以插入光标，
即可设置光标所在段落的属性。如果要设置多个文字段落，则可以使用文字工具选择
这些段落中的文字。如果未选择文字，但选择了"图层"面板中的某个文字图层，则
可以设置该文字图层中所有文本的段落属性。

单击"段落"面板上方对齐方式的按钮，可以将选中的段落文字以相应的方式对齐。
如果选择水平排列的段落，则可以设置的对齐方式如下。

- "左对齐文本"按钮■：将段落左对齐，但段落右端可能会参差不齐。
- "居中对齐文本"按钮■：将段落水平居中对齐，但段落两端可能会参差不齐。
- "右对齐文本"按钮■：将段落右对齐，但段落左端可能会参差不齐。
- "最后一行左对齐"按钮■：对齐段落中除最后一行外的所有行，且最后一行
  左对齐。
- "最后一行居中对齐"按钮■：对齐段落中除最后一行外的所有行，且最后一
  行居中对齐。
- "最后一行右对齐"按钮■：对齐段落中除最后一行外的所有行，且最后一行
  右对齐。
- "全部对齐"按钮■：强制对齐段落中的所有行。

2. 缩进段落

利用"段落"面板中的缩进选项可以设置段落文字与文本框的距离。由于缩进只

影响选中的段落，因此可以为不同的段落设置不同的缩进方式。

- 左缩进：在此文本框中输入数值以设置段落左端的缩进方式。对于直排文字，该选项用于控制段落顶部的缩进方式。
- 右缩进：在此文本框中输入数值以设置段落右端的缩进方式。对于直排文字，该选项用于控制段落底部的缩进方式。
- 首行缩进：在此文本框中输入数值以设置段落文字首行的缩进方式。

3. 更改段落间距

对于同一图层中的文字段落，可以根据需要设置它们的间距。选择需要更改段落间距的文字，在"段前添加空格"和"段后添加空格"文本框中输入数值，即可设置上下段落间的距离。

10.3.2　段落样式

如果要设置和编辑段落样式，则应先在菜单栏中选择"窗口"｜"段落样式"命令以显示"段落样式"面板，如图 10.21 所示。

在编辑段落样式时，可以弹出如图 10.22 所示的对话框，在左侧的列表框中选择不同的选项，然后在右侧设置不同的参数即可。

图 10.21

图 10.22

10.4　转换文字属性

创建的文字将作为独立的文字图层存在于图像中。为了使图像效果更加美观，可以将文字图层转换为普通图层、形状图层或路径，以应用更多 Photoshop 功能，创建更绚丽的效果。

10.4.1　将文字转换为路径

在菜单栏中选择"文字"｜"创建工作路径"命令，可以由文字图层生成与其文字外形相同的工作路径。以图 10.23 为例，图 10.24 所示为由文字图层生成的路径，用户可在此基础上对其进行描边等操作。

图 10.23　　　　　　　　　　　　　　　图 10.24

10.4.2　将文字转换为形状

在菜单栏中选择"文字"|"转换为形状"命令，可以将文字转换为与其轮廓相同的形状，从而对其进行更加精确的编辑。图 10.25 所示为将文字转换为形状前后的"图层"面板。

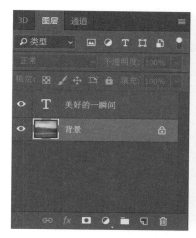

图 10.25

10.4.3　将文字转换为图像

如果希望在文字图层中进行绘图或者使用图像调整命令、滤镜命令等对文字图层中的文字进行编辑，则可以在菜单栏中选择"文字"|"栅格化文字"命令，将文字图层转换为普通图层。

10.5　本章习题

一、选择题

1. 下列说法中无法改变文本颜色的是（　　）。

　A. 选中文本并在工具选项栏中设置颜色

　B. 对当前文本图层执行"色相 / 饱和度"命令

　C. 使用调整图层

　D. 使用"颜色叠加"图层样式

2. 要为文本设置字符、段落属性，可以使用（　　）。

　A. 字符样式　　　B. 段落样式　　　　C. 对象样式　　　　D. 文字样式

3. 为字符设置"基线偏移"的作用是（　　）。

　A. 调节段落前后的位置　　　　　B. 调节字符的左右位置

　C. 调节字符的上下位置　　　　　D. 调节字符在各方向上的位置

4. 对于文本，下列操作不能实现的是（　　）。

　A. 为个别字符应用不同的颜色　　　B. 为文本设置字号

　C. 为文本设置渐变填充　　　　　　D. 为个别字符设置不同大小

5. 下列关于修改文字属性的说法中，正确的是（　　）。

　A. 可以修改文字的颜色

　B. 可以修改文字的内容，如加字或减字

　C. 可以修改文字大小

　D. 将文字图层转换为像素图层后，可以改变文字字体

6. Photoshop 中文字的属性可以分为（　　）两部分。

　A. 字符　　　　　B. 段落　　　　　　C. 区域　　　　　　D. 路径

7. 要将文字图层栅格化，可以（　　）。

　A. 在文字图层上右击，在弹出的快捷菜单中选择"栅格化文字"命令

　B. 在菜单栏中选择"图层"|"栅格化文字"命令

　C. 按住 Alt 键双击文字图层的名称

　D. 按住 Alt 键双击文字图层的缩略图

8. Photoshop 中将文字转换为形状的方法是（　　）。

　A. 在菜单栏中选择"文字"|"转换为形状"命令

　B. 按 Ctrl+Shift+O 组合键

　C. 在要转换为形状的文字图层上右击，在弹出的快捷菜单中选择"转换为形状"
　　命令

　D. 按 Alt+Shift+O 组合键

二、上机操作题

1. 打开素材图片，如图 10.26 所示。在其中输入文字"动物世界"，然后为每个文字设置一个图层，并设置适当的文字属性，得到如图 10.27 所示的效果。

图 10.26

图 10.27

2. 打开素材图片，如图 10.28 所示。输入段落文本，并将其格式化为类似于图 10.29 所示的效果。

图 10.28

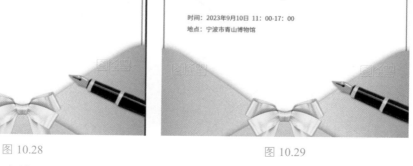

图 10.29

3. 使用上一步中输入并格式化的段落文本，在其中为部分文字设置特殊属性，直到获得如图 10.30 所示的效果。

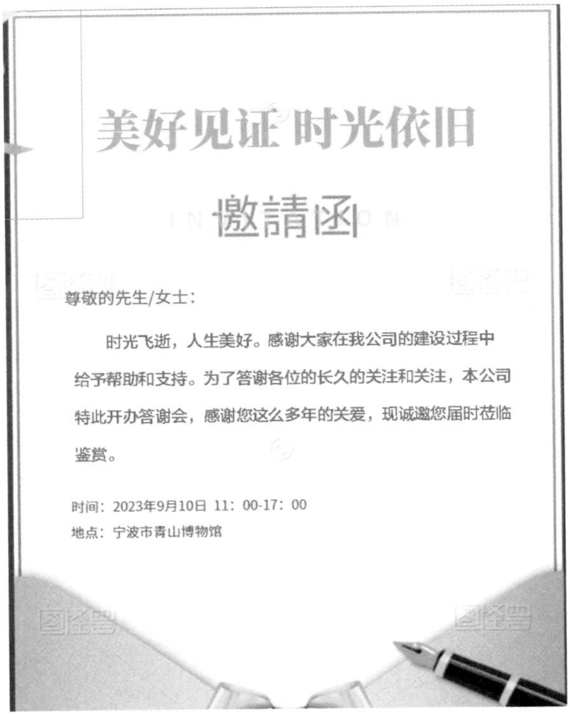

美好见证 时光依旧

邀請函

INVITATION

尊敬的先生/女士：

时光飞逝，人生美好。感谢大家在我公司的建设过程中给予帮助和支持。为了答谢各位的长久的关注和关注，本公司特此开办答谢会，感谢您这么多年的关爱，现诚邀您届时莅临鉴赏。

时间：2023年9月10日 11：00-17：00
地点：宁波市青山博物馆

图 10.30

第11章

特殊滤镜应用详解

11.1　滤镜库

滤镜库是一个集成了 Photoshop 中绝大部分命令的集合体，除了可以帮助用户方便地选择和使用滤镜命令，还可以通过滤镜效果图层为图像同时叠加使用多个滤镜命令。

值得一提的是，在 Photoshop CC 2017 中，默认情况下并没有显示所有的滤镜。此时需要在菜单栏中选择"编辑"｜"首选项"命令，并在弹出的"首选项"对话框中选择"增效工具"选项，勾选"显示滤镜库的所有组和名称"复选框，从而显示所有的滤镜，如图 11.1 所示。

图 11.1

11.1.1　滤镜库的使用方法

滤镜库提供了丰富的定制效果，使用者可以方便地根据需要进行选择，并通过预览来浏览效果。以图 11.2 为例，图 11.3 所示为具体的选项设置，图 11.4 所示为应用了

"颗粒"滤镜后的效果。具体操作步骤如下。

图 11.2　　　　　　　　　　　　　　　　图 11.3

图 11.4

（1）打开素材图片（见图 11.2）。

（2）在菜单栏中选择"滤镜"|"纹理"|"颗粒"命令，可以弹出"颗粒"界面。保持默认的选项设置，即"强度"数值为 40，"对比度"数值为 50，可以通过预览窗口观看效果（见图 11.3）。

（3）对图像进行保存。可以看到颗粒效果起到了一定作用，但不明显。

11.1.2　滤镜效果图层的相关操作

滤镜效果图层的操作和图层一样灵活。

1. 添加滤镜效果图层

要添加滤镜效果图层，可以在选区的下方单击"新建效果图层"按钮，此时所添加的新滤镜效果图层将延续使用上一个滤镜效果图层的滤镜命令及其选项设置。

（1）如果需要使用同一滤镜命令以增强该滤镜的效果，则无须改变此设置，通过调整新滤镜效果图层上的选项设置，即可得到满意的效果。

（2）如果需要叠加使用不同的滤镜命令，则可以选择该新增的滤镜效果图层，在命令选区中选择新的滤镜命令，选区中的选项将同时发生变化，调整这些选项设置，即可得到满意的效果。

（3）如果使用两个滤镜效果图层仍然无法得到满意的效果，则可以按照同样的方法新增滤镜效果图层，并修改滤镜命令及其选项设置，以叠加使用滤镜命令，直至得到满意的效果。

2. 改变滤镜效果图层的顺序

滤镜效果图层的优点不仅在于能够叠加使用滤镜命令，还可以通过修改滤镜效果图层的顺序来改变使用这些滤镜命令所得到的效果。

图 11.3 所示的预览效果为按右侧顺序叠加使用 3 个滤镜命令后所得到的效果；图 11.4 所示的预览效果为修改这些滤镜效果图层的顺序后所得到的效果。可以看出，当滤镜效果图层的顺序发生变化时，所得到的效果也不相同。

3. 隐藏及删除滤镜效果图层

如果希望查看在添加某一个或某几个滤镜效果图层前的效果，则可以单击该滤镜效果图层左侧的 ⊙ 图标将其隐藏起来。对于不再需要的滤镜效果图层，可以将其删除。如果要删除这些图层，则可以通过单击将其选中，然后单击"删除效果图层"按钮。

11.2　液化

使用"液化"命令可以通过交互的方式推、拉、旋转、反射、折叠和膨胀图像的任意区域，使图像变换为需要的艺术效果，在图像处理过程中，常用于校正和美化人物形体。在进行液化操作前，要双击图片，使其成为工作图层。

在菜单栏中选择"滤镜"|"液化"命令，即可调出其"液化"界面，如图 11.5 所示。保持默认的选项设置，然后鼠标指针在图片上会变成圆圈状，单击头盔顶端，将其拉长，效果如图 11.6 所示。

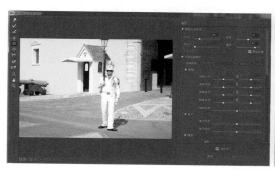
图 11.5

图 11.6

11.2.1　工具箱

工具箱承载着"液化"命令的重要功能，几乎所有的调整操作都是通过其中的各个工具实现的，其功能介绍如下。

- 向前变形工具：在图像上拖动，可以使图像的像素随着涂抹操作产生变形。
- 重建工具：在扭曲预览图像后，使用此工具可以完全或部分地恢复更改。
- 平滑工具：这是 Photoshop CC 2017 中新增的一个工具。当对图像进行大幅度调整时，可能产生其边缘线条不够平滑的问题，而使用此工具进行涂抹即可让边缘变得更加平滑、自然。

如图 11.7 所示，图中的人物眼睛较小，用户可以通过液化操作增加眼睛的大小。图 11.8 所示为相关选项设置情况；图 11.9 所示为供用户参考的眼睛参数设置。Photoshop CC 2017 内置了人脸识别，可以圈定人脸范围（见图 11.8）。图 11.10 所示为修改好的效果，图像人物的眼睛有了明显增大。

图 11.7

图 11.8

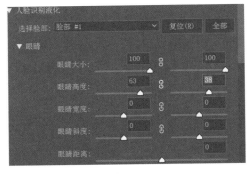

图 11.9

图 11.10

- 顺时针旋转扭曲工具：使图像产生顺时针旋转效果。在按住 Alt 键操作时，可以产生逆时针旋转效果。
- 褶皱工具：使图像向操作中心点处收缩，从而产生挤压效果。在按住 Alt 键操作时，可以实现膨胀工具的膨胀效果。

- 膨胀工具 ⊙：使图像背离操作中心点，从而产生膨胀效果。在按住 Alt 键操作时，可以实现相反的效果。
- 左推工具 ▓：移动与涂抹方向垂直的像素。具体来说，在从上向下拖动时，可以将左侧的像素向右侧移动；在从下向上移动时，可以将右侧的像素向左侧移动。
- 冻结蒙版工具 ✎：使用此工具拖动时所经过的范围会被保护，以免被进一步编辑。
- 解冻蒙版工具 ✎：解除使用冻结蒙版工具所冻结的区域，使其恢复为可编辑状态。
- 脸部工具 ☺：此工具是 Photoshp CC 2017 中新增的、专门用于对面部轮廓及五官进行处理的工具，以快速实现调整眼睛大小、改变脸部形状、调整嘴唇形态等操作。

11.2.2　画笔工具选项

此区域中的重要选项功能如下。

- 大小：设置使用上述各工具操作时，图像受影响区域的大小。
- 浓度：设置对画笔边缘的影响程度。该数值越大，则对画笔边缘的影响力越大。
- 压力：设置使用上述各工具操作时，一次操作对图像的影响程度。
- 固定边缘：这是 Photoshop CC 2017 中新增的选项，勾选该复选框后可以避免在调整文档边缘的图像时，导致边缘出现空白。

11.2.3　人脸识别液化

此区域是 Photoshop CC 2017 中新增的，也是"液化"命令的一次重大升级，用户可以通过此区域中的选项对识别到的一张或多张人脸进行眼睛、鼻子、嘴唇及脸部形状等的调整。

1. 关于人脸识别

人脸识别液化作为 Photoshop CC 2017 中新增的重要功能，可以识别图片中的人脸。当然，如果图片不清晰或人脸遮挡严重，则可能无法识别。在使用"液化"命令中的人脸识别功能时，首先需要正确识别出人脸，然后才能利用各个选项对其进行丰富的调整。若无法识别人脸，则只能手动处理了。下面分别介绍对五官及脸部形状进行处理的方法，这些都是建立在正确识别人脸基础上的。

2. 人脸识别液化的基本用法

在正确识别人脸后，可以在"人脸识别液化"区域的"选择脸部"下拉列表中选择要液化的人脸，然后分别在下面调整眼睛、鼻子、嘴唇、脸部形状的选项设置，或者使用脸部工具 ☺ 进行调整，如图 11.11 所示。

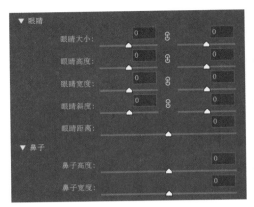

图 11.11

在对人脸进行调整后,单击"复位"按钮,可以将当前人脸恢复为初始状态;单击"全部"按钮,可以将图片中所有对人脸的调整恢复为初始状态。

3. 眼睛

展开"眼睛"区域的选项,可以看到其中包含 5 个选项,每个选项又分为两列,其中左列用于调整左眼,右列用于调整右眼。若选中二者之间的"链接"按钮⑧,则可以同时调整左眼和右眼。

下面将结合脸部工具⚇介绍"眼睛"区域中各选项的功能。

- 眼睛大小：此选项用于缩小或放大眼睛。在使用脸部工具⚇时,将光标置于要调整的眼睛上, 即可出现相应的控件, 拖动方形控件（见图 11.12 红色方框中的方形白点）, 即可调整眼睛的大小。向眼睛内部拖动可以缩小眼睛,向眼睛外部拖动可以放大眼睛。

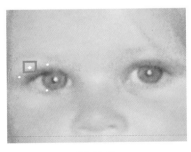

图 11.12

图 11.13

- 眼睛高度：此选项用于调整眼睛的高度。在使用脸部工具⚇时, 可以拖动眼睛上方或下方的圆形控件（见图 11.13 红色方框中的圆形白点 ）, 以调整眼睛的高度。向眼睛外部拖动可以增大眼睛的高度, 向眼睛内部拖动可以减小眼睛的高度。
- 眼睛宽度：此选项用于调整眼睛的宽度。在使用脸部工具⚇, 可以拖动眼睛右侧的圆形控件（若是左眼，则该控件位于眼睛左侧）以调整眼睛的宽度，如图 11.14 所示。向眼睛外部拖动可以增大眼睛的宽度，向眼睛内部拖动可以减小眼睛的宽度。

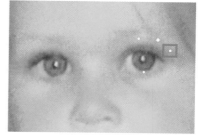

图 11.14

- 眼睛斜度：此选项用于调整眼睛的角度。在使用脸部工具 🧑 时，可以拖动眼睛右侧的弧线控件（若是左眼，则该控件位于眼睛左侧）。
- 眼睛距离：此选项用于调整左眼和右眼之间的距离，向左侧拖动滑块可以减小两者的距离，向右侧拖动滑块则可以增大两者的距离。在使用脸部工具 🧑 时，可以将光标置于控件左侧空白处（若是左眼，则该控件位于眼睛右侧）。

4. 鼻子

展开"鼻子"区域的选项，可以看到其中包含了对鼻子高度和宽度进行调整的选项。下面将结合脸部工具 🧑 介绍"鼻子"区域中各选项的功能。

- 鼻子高度：此选项用于调整鼻子的高度。在出现如图 11.15 所示的白色点线结构时，移动白点位置，可以调整鼻子的高度。图 11.16 所示为提高鼻子高度后的效果。

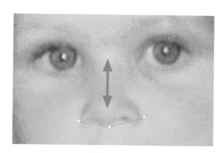

图 11.15

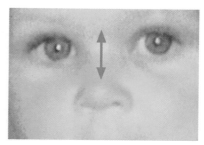

图 11.16

- 鼻子宽度：此选项用于调整鼻子的宽度。在使用脸部工具 🧑 时，拖动左右两侧的圆形控件，即可改变鼻子的宽度，如图 11.17 所示。图 11.18 所示为增大鼻子宽度后的效果。

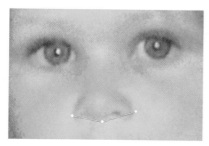

图 11.17

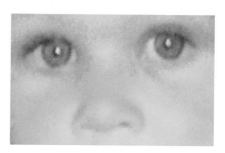

图 11.18

5. 嘴唇

展开"嘴唇"区域的选项，可以发现其中包含了对微笑效果进行调整的选项，以及对上 / 下嘴唇、嘴唇宽度 / 高度进行调整的选项。下面将结合脸部工具 ▨ 介绍"鼻子"区域中各选项的功能。

- 微笑：此选项用于增加或消除嘴唇的微笑效果。更直观地说，就是改变嘴角上翘的幅度。在使用脸部工具 ▨ 时，可以拖动两侧嘴角的弧形控件，以增大或减小嘴角上翘的幅度。以图 11.29 为例，图 11.20 所示为增大两侧嘴角上翘的幅度后的效果。

图 11.19

图 11.20

- 上 / 下嘴唇：这两个选项分别用于改变上嘴唇和下嘴唇的厚度。在使用时，可以分别拖动嘴唇上方和下方的弧形控件以改变嘴唇的厚度。以图 11.21 为例，图 11.22 所示为调整嘴唇厚度后的效果。

图 11.21

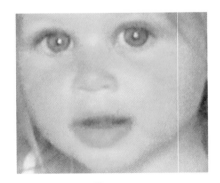
图 11.22

- 嘴唇宽度 / 高度：这两个选项与前面介绍的调整眼睛宽度和高度的选项相似，只是这两个选项分别用于调整嘴唇的宽度和高度。在使用脸部工具 ▨ 时，可以拖动嘴唇左右两侧的圆形控件来改变嘴唇的宽度。

6. 脸部形状

展开"脸部形状"区域的选项，可以发现其中包含了对前额、下巴高度、下颌及脸部宽度进行调整的选项，如图 11.23 所示。

下面通过案例介绍脸部形状的调整方法。

- 前额：以图 11.24 为例，增大人脸的前额，调整后的效果如图 11.25 所示。

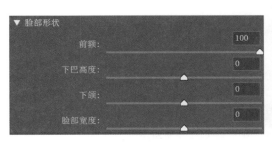  

图 11.23　　　　　　　　　　图 11.24　　　　　　　　图 11.25

- 下巴高度：以图 11.26 为例，调整人脸的下巴高度。通过拖动下巴下面的圆点来调整下巴的高度，图 11.27 所示为减小下巴高度后的效果。
- 下颌：以图 11.28 为例，调整下颌的宽度，调整后的效果如图 11.29 所示。本例是将"下颌"数值设置为 100 的效果，可以发现，小女孩的脸明显变胖了。

图 11.26　　　　　　图 11.27　　　　　　图 11.28　　　　　　图 11.29

- 脸部宽度：以图 11.30 为例，调整脸部形状，"脸部宽度"选项设置如图 11.31 所示，调整后的效果如图 11.32 所示。

 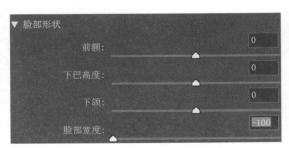 

图 11.30　　　　　　　　　图 11.31　　　　　　　　　图 11.32

11.2.4　载入网格选项

在使用"液化"命令对图像进行调整时，可以在此区域中单击"存储网格"按钮，将当前对图像的修改内容存储为一个文件。当需要再次编辑该图像时，可以单击"载入网格"按钮将其重新载入。若单击"载入上次网格"按钮，则可以载入最近一次使用的网格。

11.2.5　蒙版选项

"蒙版选项"区域如图 11.33 所示，其中的重要选项功能如下。

图 11.33

- 蒙版运算：在此列出了 5 种蒙版运算方式，包括"替换选区" 、"添加到选区" 、"从选区中减去" 、"与选区交叉" 及"反相选区" 。其运算原理与路径运算原理基本相同，只不过此处是选区与蒙版之间的运算。
- 无：单击该按钮，可以取消当前所有的冻结。
- 全部蒙住：单击该按钮，可以将当前图像全部冻结。
- 全部反相：单击该按钮，可以冻结与当前所选区域相反的区域。

11.2.6　视图选项

在此区域中，可以设置液化过程中的辅助显示功能，如图 11.34 所示，部分选项的功能如下。

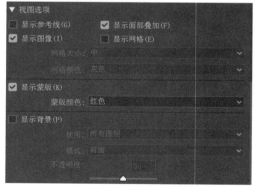

- 显示参考线：这是 Photoshop CC 2017 中新增的选项，勾选此复选框后，可以显示在图像中创建的参考线。
- 显示面部叠加：这是 Photoshop CC 2017 中新增的选项，勾选此复选框后，当成功检测到人脸时，会在视图中显示一个类似于括号的控件。

图 11.34

- 显示图像：勾选此复选框后，将在界面预览区域中显示当前操作的图像。

- 显示网格：勾选此复选框后，将在界面预览区域中显示辅助操作的网格，并且可以在下方设置网格的大小及颜色。
- 显示蒙版：勾选此复选框后，将可以显示使用冻结蒙版工具 绘制的蒙版，并且可以在下方设置蒙版的颜色；反之，取消勾选此复选框后，将会隐藏蒙版。
- 显示背景：勾选此复选框后，将以当前文档中的某个图层作为背景，并且可以在下方设置其显示模式。

11.2.7　画笔重建选项

"画笔重建选项"区域中的重要选项功能如下。

- 重建：单击此按钮，在弹出的对话框中设置相关选项，可以按照比例将画笔恢复为初始状态。
- 恢复全部：单击此按钮，将放弃所有更改并恢复至画笔的初始状态。

11.3　防抖

"防抖"命令专门用于校正拍照时相机不稳而产生的抖动模糊，使照片在很大程度上恢复为更清晰、锐利的效果。以图 11.35 为例，该照片就是在弱光的室内环境中朝上方进行拍摄的，由于拍摄参数设置偏低、手抖等因素造成一定程度的模糊，期望通过滤镜进行一定程度的改进。在菜单栏中选择"滤镜"|"锐化"|"防抖"命令后，将调出如图 11.36 所示的"防抖"界面。

图 11.35

图 11.36

"防抖"界面中的部分选项功能如下。

- 模糊描摹边界：此选项用于指定模糊的大小，用户可以根据图像的模糊程度进行调整。

- 源杂色：在此下拉列表中可以选择"自动""低""中""高"选项，指定源图像中的杂色数量，以便软件针对杂色进行调整。
- 平滑：调整此选项的数值，可以减少高频锐化杂色。该数值越高，则越多的细节会被忽略，因此在调整时需要注意平衡。
- 伪像抑制：伪像是指真实图像的周围所具有的一定的多余图像，尤其在使用此滤镜进行处理后，就可能产生一定数量的伪像。此时，用户可以通过适当调整此选项进行处理。该数值为 100% 时会产生原始图像；该数值为 0% 时，不会抑制任何杂色伪像。
- 显示模糊评估区域：选中此选项后，将在中间区域显示一个评估控制框，可以调整此控制框的位置及大小，用于确定滤镜工作时的处理依据。单击此区域右下方的"添加模糊描摹"按钮 ，可以创建一个新的评估控制框。在选中一个评估控制框时，单击"删除模糊描摹"按钮 ，可以删除该评估控制框。
- 细节：在此区域中，可以查看图像的细节内容，可以在此区域中拖动以调整不同的细节显示。另外，单击"在放大镜处增强"按钮 ，可以对当前显示的细节图像进行进一步的增强处理。

下面对图 11.36 进行调整，可以看到相关选项设置如图 11.37 所示，其中，"模糊描摹边界"数值为 32 像素，"源杂色"为"高"，"平滑"数值为 73.2%，"伪像抑制"数值为 93.9%。图 11.38 所示为调整后的效果，相比于原图有了一定的锐化效果。

图 11.37

图 11.38

11.4　镜头校正

在菜单栏中选择"滤镜"|"镜头校正"命令，可以弹出如图 11.39 所示的"镜头校正"界面。针对相机与镜头光学素质的配置文件，使用该命令能够通过选择相应的

配置文件对照片进行快速的校正，这对使用数码单反相机的摄影师而言无疑是极为有利的。下面分别介绍"镜头校正"界面中各个区域的功能。

图 11.39

11.4.1 工具箱

工具箱中显示了用于查看和编辑图像的工具，下面分别讲解主要工具的功能。

- 移去扭曲工具 ▦：使用该工具在图像中拖动，可以校正图像的凸起或凹陷状态。
- 拉直工具 ▦：使用该工具可以校正倾斜的图像。
- 移动网格工具 ▦：使用该工具可以拖动"图像编辑区"中的网格，使其与图像对齐。

11.4.2 图像编辑区

该区域可以用于显示被编辑的图像，还可以供用户即时地预览编辑图像后的效果。单击该区域左下角的 ▣ 按钮可以缩小图像；单击 ▣ 按钮可以放大图像。

11.4.3 原始参数区

此处显示了当前照片的相机及镜头等基本参数，如图 11.40 所示。

图 11.40

11.4.4　显示控制区

该区域可以对图像编辑区中的显示情况进行控制。下面分别对其中的选项进行介绍。

- 预览：勾选该复选框后，将在图像编辑区中即时显示编辑图像后的效果，否则将一直显示原图像的效果。
- 显示网格：勾选该复选框后，将在图像编辑区中显示网格，以精确地对图像进行调整。
- 大小：在此文本框中输入数值，可以控制图像编辑区中显示的网格大小。
- 颜色：单击该色块，在弹出的"拾色器"对话框中选择一种颜色，可以重新定义网格的颜色。

11.4.5　参数设置区——自动校正

在"自动校正"面板中，可以使用此命令内置的相机、镜头等数据进行智能校正。下面分别对其中的部分选项进行介绍。

- 几何扭曲：勾选此复选框后，可以根据所选的相机及镜头自动校正桶形或枕形畸变。
- 色差：勾选此复选框后，可以根据所选的相机及镜头自动校正可能产生的紫色、青色、蓝色等不同的边缘色差。
- 晕影：勾选此复选框后，可以根据所选的相机及镜头自动校正照片周围产生的暗角。
- 自动缩放图像：勾选此复选框后，在校正畸变时，将自动对图像进行裁剪，以避免边缘出现镂空或杂点等。
- 边缘：当图像由于旋转或凹陷等因素出现位置偏差时，可以在此下拉列表中选择这些位置偏差的显示方式，其中包括"边缘扩展""透明度""黑色""白色"4个选项。
- 相机制造商：此下拉列表中列举了一些常见的相机生产商以供用户选择，如图 11.41 所示。
- 相机 / 镜头型号：此下拉列表中列举了很多主流相机及镜头以供用户选择（见图 11.41）。
- 镜头配置文件：此下拉列表中列出了符合上面所选相机及镜头型号的配置文件以供用户选择。在选择完成后，就可以根据相机及镜头的特性自动进行几何扭曲、色差及晕影等方面的校正。

图 11.41

11.4.6　参数设置区——自定

"自定"面板提供了大量用于调整图像的选项，可供用户手动调整，如图 11.42 所示。下面分别对其中的部分选项功能进行介绍。

- 设置：在该下拉列表中可以选择预设的镜头校正调整选项。单击该选项后面的管理设置按钮 ，在弹出的下拉列表中可以执行存储、载入和删除预设等操作。

- 移去扭曲：在此文本框中输入数值或拖动滑块，可以校正图像的凸起或凹陷状态。其功能与移去扭曲工具 相同，但使用该选项更容易进行精确的控制。

- 修复红 / 青边：在此文本框中输入数值或拖动相应滑块，可以去除照片中的红色或青色色痕。

- 修复绿 / 洋红边：在此文本框中输入数值或拖动相应滑块，可以去除照片中的绿色或洋红色痕。

- 修复蓝 / 黄边：在此文本框中输入数值或拖动相应滑块，可以去除照片中的蓝色或黄色色痕。

- 数量：在此文本框中输入数值或拖动相应滑块，可以减暗或提亮照片边缘的晕影，使之恢复正常。以图 11.43 为例，图 11.44 所示为 "数量" 数值为 100 的修复暗角晕影后的效果。

图 11.42

图 11.43 图 11.44

- 中点：在此文本框中输入数值或拖动相应滑块，可以控制晕影中心的大小。
- 垂直透视：在此文本框中输入数值或拖动相应滑块，可以校正图像的垂直透视效果。图 11.45 所示为将"垂直透视"数值设置为 80 后的前后效果对比，可以明显感受到建筑物的前突效果。

图 11.45

- 水平透视：在此文本框中输入数值或拖动相应滑块，可以校正图像的水平透视效果。在按照正值调整后，图像右侧会向观看者方向转动；在按照负值调整后，图像左侧会向观看者方向转动。用户可以通过图片的效果对比进行感受。在一般情况下，水平透视需要达到左右平衡的效果。图 11.46 左图中以大门为基准，整个图像稍微向右侧偏了，而在将"水平透视"数值设置为 60 后，可以发现大门部分更正了（见图 11.46 右图）。

图 11.46

- 角度：在此文本框中输入数值或拖动表盘中的指针，可以校正图像的旋转角度。其功能与拉直工具 相同，但使用该选项更容易进行精确的控制。
- 比例：在此文本框中输入数值或拖动相应滑块，可以缩小和放大图像。需要注意的是，当对图像进行晕影参数设置时，最好在调整参数后，单击"确定"按钮退出对话框，然后再次应用该命令对图像大小进行调整，以免出现晕影校正的偏差。

> **提示**
> 无论选择使用上述哪一个选项，都会导致原图的大小产生改变。

11.5　油画

使用"油画"命令可以快速、逼真地呈现出油画的效果。图 11.47 所示为设置油画效果的"油画"对话框并给出了默认的选项设置，可以通过在菜单栏中选择"滤镜"|"风格化"|"油画"命令调出。图 11.48 所示为案例图片，可以保持选项的默认设置（"描边样式"数值为 3.3，"描边清洁度"数值为 3.8，"缩放"数值为 4.6，"硬毛刷细节"数值为 5.3），当然也可以根据需要进行调节以形成所需效果；图 11.49 所示为应用油画滤镜后的效果，前后对比比较明显。

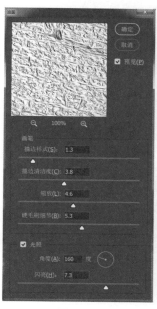

图 11.48

图 11.47

图 11.49

- 描边样式：控制油画纹理的圆滑程度。该数值越大，则油画的纹理显得越平滑。

- 描边清洁度：控制油画效果表面的干净程度。该数值越大，则画面显得越干净；该数值越小，则画面中的黑色会使整体显得笔触越重。
- 缩放：控制油画纹理的缩放比例。
- 硬毛刷细节：控制笔触的轻重。该数值越小，则纹理的立体感越小。
- 角度：控制光照的方向，使画面呈现出不同光线从不同方向照射时的不同立体效果。
- 闪亮：控制光照的强度。该数值越大，则光照的效果越强，得到的立体效果也越强。

11.6　自适应广角

"自适应广角"命令专门用于校正透视及变形问题。使用该命令可以自动读取照片的 EXIF 数据并进行校正，也可以根据使用的镜头类型（如广角、鱼眼等）选择不同的校正选项，并配合约束工具和多边形约束工具的使用，达到校正透视及变形问题的目的。在菜单栏中选择"滤镜"|"自适应广角"命令，将显示如图 11.50 所示的"自适应广角"界面。

图 11.50

- 校正：在此下拉列表中可以选择不同的校正选项，包括"鱼眼""透视""自动""完整球面"4 个选项。在选择不同的选项时，下面的可调整选项也各不相同。其中，"完整球面"选项要求长宽比为 1：2。

- 缩放：控制当前图像的大小。当校正透视问题后，图像周围会形成不同大小范围的透视区域，此时就可以通过调整"缩放"数值来裁剪透视区域。
- 焦距：设置当前照片在拍摄时所使用的镜头焦距。
- 裁剪因子：调整照片裁剪的范围。
- 细节：在此区域中，将放大显示当前光标所在的位置，以便进行精细调整。

除右侧基本的选项设置外，还可以使用约束工具 和多边形约束工具 针对画面的变形区域进行精细调整：使用前者可以通过绘制曲线约束线条进行校正，适用于校正水平或垂直线条的变形；使用后者可以通过绘制多边形约束线条进行校正，适用于校正具有规则形态的对象。

以图 11.51 为例，在"校正"下拉列表中选择"透视"选项，并设置相关选项（"缩放"数值为 120%，"焦距"数值为 5 毫米，"裁剪因子"数值为 1.58 ），获得如图 11.52所示的效果，可以发现效果对比较为明显。

图 11.51

图 11.52

11.7　模糊画廊

从 Photoshop CC 2015 开始，新增了"模糊画廊"这一滤镜分类，其中包含之前版本中增加的"场景模糊""光圈模糊""移轴模糊""路径模糊""旋转模糊"5 个滤镜，本节将分别介绍它们的使用方法。

11.7.1　模糊画廊的工作界面

在菜单栏中选择"滤镜"|"模糊画廊"子菜单中的"旋转模糊"命令后，出现"模糊工具"面板，该面板下方还有"效果""动感效果""杂色"面板，如图 11.53 所示。其中，"效果"面板仅适用于"场景模糊""光圈模糊""移轴模糊"滤镜；"动感效果"面板仅适用于"路径模糊"和"旋转模糊"滤镜。

图 11.53

11.7.2　场景模糊

在菜单栏中选择"滤镜"|"模糊画廊"|"场景模糊"命令，可以通过编辑模糊控件为画面增加模糊效果。以图 11.54 为例，将"模糊"数值设置为 40 像素后的模糊效果如图 11.55 所示。

图 11.54

图 11.55

1．"模糊工具"面板

在"模糊工具"面板中勾选"场景模糊"复选框后，可以设置"模糊"数值。该数值越大，则模糊的效果越强。

2．工具选项栏

在勾选"场景模糊"复选框后，工具选项栏（见图 11.56）中的部分选项功能如下。

图 11.56

- 选区出血：若在应用"场景模糊"滤镜前绘制了选区，则可以在此设置选区周围模糊效果的过渡方式。

- 聚焦：此选项用于控制选区内图像的模糊量。
- 将蒙版存储到通道：勾选此复选框后，将在应用"场景模糊"滤镜后，根据当前的模糊范围创建一个相应的通道。
- 高品质：勾选此复选框后，将生成更高品质、更逼真的场景效果。
- "移去所有控件"按钮 ⟲：单击此按钮，可清除当前图像中所有的模糊控件。

3."效果"面板

"效果"面板中的部分选项功能如下。
- 光源散景：调整此数值，可以调整模糊范围中圆形光斑形成的强度。
- 散景颜色：调整此数值，可以改变圆形光斑的色彩，同时增加颜色的数量。
- 光照范围：调整此选项下的黑、白滑块，或者在底部输入数值，可以控制生成圆形光斑的亮度范围。

4."杂色"面板

从 Photoshop CC 2015 开始,增加了针对"模糊画廊"中所有滤镜的"杂色"面板，通过设置适当的选项，用户可以为模糊后的效果添加杂色，使之更为逼真，部分选项功能如下。
- 杂色类型：在此下拉列表中，可以选择"高斯分布""平均分布""颗粒"选项。其中，在选择"颗粒"选项时，所得到的效果更接近数码相机拍摄时自然产生的杂点。
- 数量：调整此数值，可以设置杂色的数量。
- 大小：调整此数值，可以设置杂色的大小。
- 粗糙度：调整此数值，可以设置杂色的粗糙程度。此数值越大，则杂色越模糊、图像质量越低；反之，则杂色越清晰、图像质量相对更高。
- 颜色：调整此数值，可以设置杂色的颜色。在默认情况下，此数值为 0，表示杂色不带有任何颜色。此数值越大，则杂色中拥有的色彩越多,也就是俗称的"彩色噪点"。
- 高光：调整此数值，可以调整高光区域的杂色数量。在摄影过程中，越亮的部分产生的噪点越少，否则会产生更多的噪点，因此适当调整此数值可以减弱高光区域的噪点，让画面更为真实。

将光标置于模糊控件的半透明白条位置，按住鼠标左键拖动该半透明白条，即可调整"场景模糊"滤镜的"模糊"数值。当光标状态为 ✥ 时单击，即可添加新的图钉。

以图 11.57 为例，图 11.58 所示为利用"场景模糊"滤镜制作所得到的光影效果。

其中的参数设置为："场景模糊"下的"模糊"数值为 15 像素；"光源散景"数值为 40%；"散景颜色"数值为 55%。

图 11.57

图 11.58

11.7.3　光圈模糊

"光圈模糊"滤镜可以用于限制一定范围的塑造模糊效果。以图 11.59 为例，图 11.60 所示为在菜单栏中选择"滤镜"｜"模糊画廊"｜"光圈模糊"命令后进行光圈模糊后的效果。图片中光圈内的花卉是不模糊的，而光圈外的场景是模糊的，从而突出了光圈内的花卉。

图 11.59

图 11.60

- 拖动模糊控件中心的位置，可以调整模糊的位置。
- 拖动模糊控件周围的 4 个圆形控件 ○，可以调整模糊的渐隐范围。若按住 Alt 键拖动某个圆形控件 ○，则可以单独调整其渐隐范围。
- 模糊控件外围的圆形控制框，可以调整模糊的整体范围；拖动该控制框上的 4 个圆点控件 ○，可以调整圆形控制框的大小及角度。
- 拖动圆形控制框上的菱形控件 ◇，可以等比例缩放圆形控制框，以调整其模糊范围。
- 完成后进行保存。

11.7.4　移轴模糊

"移轴模糊"滤镜可以用于模拟移轴镜头拍摄出的改变画面景深的效果。

以图 11.61 为例，图 11.62 所示为在菜单栏中选择"滤镜"｜"模糊画廊"｜"移轴模糊"命令后在图像中显示模糊控制线的效果。

图 11.61　　　　　　　　　　　　　　　　图 11.62

- 拖动中间的模糊控件，可以改变模糊的位置。
- 拖动上下的实线型模糊控制线，可以改变模糊的范围。
- 拖动上下的虚线型模糊控制线，可以改变模糊的渐隐强度。图 11.63 所示为变换前后的效果对比。在变换后，实线范围内基本保持原样，而实线范围外及虚线范围内有模糊效果和模糊效果强弱变化。

图 11.63

　　图 11.64 所示为进行左右方向模糊的尝试后所获得的效果；图 11.65 所示为经过两次应用"移轴模糊"滤镜后的效果。

图 11.64　　　　　　　　　　　　　　　　图 11.65

11.7.5　路径模糊

使用"路径模糊"滤镜可以制作沿一条或多条路径运动的模糊效果，并且可以控

制形状和模糊量。以图 11.66 为例，在菜单栏中选择"滤镜"|"模糊画廊"|"路径模糊"命令，"模糊工具"面板中会出现"路径模糊"区域，如图 11.67 所示，此时"动感效果"面板中的选项设置如图 11.68 所示，在默认情况下，画面会变为如图 11.69 所示的效果，用户可以通过编辑其中的路径 ○──●○ 来改变模糊的轨迹。

图 11.66

图 11.67

图 11.68

图 11.69

拖动路径 ○──●○ 两端的圆形控制手柄，可以改变路径的起始和终止位置；拖动路径 ○──●○ 中心的小圆，可以改变路径的弧度。用户还可以在路径上的空白位置单击以添加控制手柄，并进一步调整路径的形态，从而改变模糊的轨迹，如图 11.70 所示。

图 11.70

下面分别介绍与"路径模糊"滤镜相关的选项。

1. "模糊工具"面板

"模糊工具"面板中的"路径模糊"相关选项功能如下。

- 模糊类型：在此下拉列表中，可以选择"基本模糊"或"后帘同步闪光"两个选项。前者用于对图像进行模糊处理；后者用于自动将模糊的效果与原图像进行混合，以模拟摄影后帘同步闪光时的拍摄效果。图 11.71 所示为在选择"基本模糊"选项时的效果；图 11.72 所示为在选择"后帘同步闪光"选项时的效果。

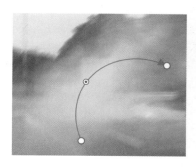

图 11.71

图 11.72

- 速度：此选项用于控制模糊的强度。该数值越大，则模糊的效果越强烈。
- 锥度：此选项用于逐渐减弱模糊的效果。
- 居中模糊：勾选此复选框后，可以以任何像素的模糊形状为中心创建稳定模糊。
- 终点速度：在选中路径两端的控制手柄时，此选项将被激活，可以用于改变在路径两端方向上的模糊强度。

图 11.73 所示为采用"自定"方式的路径模糊，同时"速度"数值为 75%，再快就无法看清景物了；"锥度"数值为 5%，在此案例中改变"锥度"数值对效果影响不大；"终点速度"数值为 260 像素；变换的位置主要集中在烟雾的地方，所以与原图的效果差异比较明显。

图 11.73

2. "动感效果"面板

在前面的讲解中，在"模糊类型"下拉列表中选择"后帘同步闪光"选项时，就是以默认的数值调整"动感效果"面板中的选项，使模糊后的图像与原图像融合在一起。用户可以根据需要，在其中调整"闪光灯强度"及"闪光灯闪光"数值，以获得不同的融合效果。

11.7.6　旋转模糊

使用"旋转模糊"滤镜可以为对象增加逼真的旋转模糊效果，其典型应用是为汽车轮胎增加转动效果。下面以图 11.74 为例介绍该滤镜的使用方式。

在菜单栏中选择"滤镜"|"模糊画廊"|"旋转模糊"命令后，将出现旋转模糊控件，如图 11.75 所示。用户可以根据需要进行调整，相关设置如图 11.76 所示，同时在"模糊工具"面板中调整"模糊角度"数值，即可为图像增加旋转模糊效果。最终效果如图 11.77 所示。

图 11.74

图 11.75

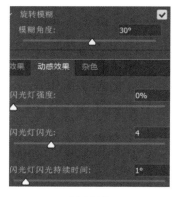

图 11.76

图 11.77

11.8　智能滤镜

使用智能滤镜除了能够直接对智能对象应用滤镜效果，还可以对所添加的滤镜进行反复修改。

11.8.1　添加智能滤镜

下面以图 11.78 为例介绍智能滤镜的相关操作。

- 在菜单栏中选择"滤镜"|"转换为智能滤镜"命令，将原图层转换为智能对象图层，如图 11.79 所示。在"滤镜"菜单中选择要应用的滤镜命令，并进行适当的选项设置。

图 11.78　　　　　　　　　　　　图 11.79

- 在设置完毕后，单击"确定"按钮退出对话框，生成一个智能滤镜图层。
- 如果要继续添加多个智能滤镜，则可以重复上述操作，直到获得满意的效果为止。

图 11.80 所示为添加了"路径模糊"滤镜后的效果，此时的图层情况如图 11.81 所示。

图 11.80　　　　　　　　　　　　图 11.81

11.8.2　编辑智能蒙版

智能蒙版的使用方法和效果与普通蒙版十分相似，可以用来隐藏对图像进行滤镜处理后的图像效果。它们都使用黑色图像来隐藏图像，使用白色图像来显示图像，而使用灰色图像则会产生一定的透明效果。

在编辑智能蒙版时，同样需要先选择要编辑的智能蒙版，然后用画笔工具、渐变工具 ▣.等（根据需要设置适当的颜色，以及画笔的大小和不透明度等）在蒙版上进行涂抹。

对于智能蒙版，也可以进行添加或删除操作。在滤镜效果蒙版缩略图或"智能滤镜"这几个文字上右击，在弹出的快捷菜单中选择"删除滤镜蒙版"或"添加滤镜蒙版"命令；或者，在菜单栏中选择"图层"|"智能滤镜"|"删除滤镜蒙版"命令或"添加滤镜蒙版"命令，这里的操作是可逆的。

11.8.3　编辑智能滤镜

智能滤镜的一个优点是可以反复编辑所应用的滤镜参数，只需要直接在"图层"

面板中双击要修改参数的滤镜名称即可对其进行编辑。另外，对于包含在"滤镜库"中的滤镜，双击它即可弹出"滤镜库"对话框，除了可以在此修改参数，还可以选择其他滤镜。

11.8.4　停用／启用智能滤镜

停用或启用智能滤镜可以分为两类操作，即对所有智能滤镜操作和对单个智能滤镜操作。

如果要停用所有智能滤镜，则在所属的智能对象图层最右侧的图标 上右击，在弹出的快捷菜单中选择"停用智能滤镜"命令，即可隐藏所有智能滤镜生成的图像效果；再次在该位置处右击，在弹出的快捷菜单中选择"启用智能滤镜"命令，即可显示所有智能滤镜生成的图像效果。

较为便捷的操作是直接单击智能蒙版前面的图标 ，同样可以显示或隐藏所有智能滤镜。

如果要停用或启用单个智能滤镜，也可以参照上面的方法进行操作，只不过需要在要停用或启用的智能滤镜名称上进行操作。

11.8.5　删除智能滤镜

对于智能滤镜，同样可以执行删除操作，直接在该滤镜名称上右击，在弹出的快捷菜单中选择"删除智能滤镜"命令，或者将要删除的滤镜图层直接拖动到"图层"面板底部的"删除图层"按钮 上即可。

如果要删除所有智能滤镜，则可以在"智能滤镜"这几个文字上右击，在弹出的快捷菜单中选择"清除智能滤镜"命令，或者在菜单栏中选择"图层"|"智能滤镜"|"清除智能滤镜"命令。

分形应用视频插入

11.9　本章习题

一、选择题

1. 下列关于滤镜库的说法中正确的是（　　　）。

　　A. 在滤镜库中，可以使用多个滤镜并产生重叠效果，但不能重复使用单个滤镜

　　B. 在滤镜库中，可以重叠使用多个滤镜效果，并改变这些滤镜效果图层的顺序，但重叠所得到的滤镜效果不会发生改变

　　C. 在使用滤镜库后，可以按 Ctrl+F 组合键重复应用滤镜库中的滤镜

　　D. 在滤镜库中，可以重叠使用多个滤镜效果，当该滤镜效果图层前面的眼睛图标消失时，单击"确定"按钮，将不会应用该滤镜效果

2. "液化"命令的快捷键是（　　　）。

    A. Ctrl+X
    B. Ctrl+Alt+X
    C. Ctrl+Shift+X
    D. Ctrl+Alt+Shift+X

3. 使用"液化"命令可以完成的操作有（　　　）。

    A. 改变图像的形态

    B. 增大眼睛

    C. 扭曲图像

    D. 用蒙版隐藏多余图像

4. 在使用相机的广角端拍摄照片时，常常会出现透视变形问题，下列选项中可以校正该问题的是（　　　）。

    A. 液化
    B. 自适应广角
    C. 扭曲
    D. 场景模糊

5. 关于在文字图层执行滤镜效果的操作，下列描述中正确的有（　　　）。

    A. 首先选择"图层"|"栅格化"|"文字"命令，然后选择任意一个滤镜命令

    B. 直接选择一个滤镜命令，在弹出的信息提示框中单击"是"按钮

    C. 必须确认文字图层和其他图层没有链接，然后才可以选择滤镜命令

    D. 必须将这些文字变成被选择状态，然后选择一个滤镜命令

二、上机操作题

1. 打开素材图片，如图 11.82 所示。使用"滤镜"|"模糊画廊"|"光圈模糊"滤镜来虚化除主要人物外的背景，其选项设置如图 11.83 所示，最终得到如图 11.84 所示的效果。

图 11.82

图 11.83

图 11.84

3. 打开素材图片，如图 11.85 所示。使用"滤镜"|"风格化"|"油画"滤镜的选项设置如图 11.86 所示，最终得到如图 11.87 所示的效果。

图 11.85　　　　　　　　　图 11.86　　　　　　　　　图 11.87

参考文献

[1] 石喜富，郭建璞，董晓晓. Adobe Photoshop CC 2017 图像处理教程 [M]. 北京：人民邮电出版社，2017.

[2] [美] 安德鲁，福克纳（Andrew Faulkner），康拉德，查韦斯（Conrad Chavez）. Adobe Photoshop CC 2017 经典教程 [M]. 王士喜 译. 北京：人民邮电出版社，2017.

[3] 创锐设计. Photoshop CC 2017 从入门到精通 [M]. 北京：机械工业出版社，2017.

[4] 张松波. 神奇的中文版 Photoshop CC 2017 入门书 [M]. 北京：清华大学出版社，2017.